大学入試

▼

10日
あればいい！

短期集中ゼミ

数学III

福島國光

● **本書の特色**

▶ 大学入試には，一度は解いておかないと手のつけようがない問題が
よく出題されます。このようなタイプの問題 65 題を選びました。

▶ 各例題の後には，明快な『アドバイス』と，入試に役立つテクニック
『これで解決』を掲げました。

CONTENTS

1 分数関数のグラフと分数不等式

グラフを利用して，不等式 $x-3 \geqq \dfrac{2x-11}{x-7}$ を解け。　　〈中京大〉

 $y=\dfrac{2x-11}{x-7}=\dfrac{2(x-7)+3}{x-7}=\dfrac{3}{x-7}+2$

と $y=x-3$ のグラフをかく。

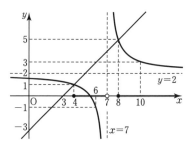

$$\begin{array}{r} 2 \\ x-7\overline{\smash{\big)}\,2x-11} \\ \underline{2x-14} \\ 3 \end{array}$$

（割り算をして，変形する。）

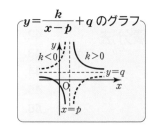

$y=\dfrac{k}{x-p}+q$ のグラフ

グラフの交点の x 座標は

$x-3=\dfrac{2x-11}{x-7}$ より $x^2-12x+32=0$

$(x-4)(x-8)=0$　よって，$x=4$，8

上のグラフより求める解は

$$4 \leqq x < 7, \quad 8 \leqq x$$

←双曲線と直線の交点は，分母を払って方程式を解く。

←$x=7$ は分母を 0 にするから入らない。

アドバイス

・分数関数のグラフをかくには，$y=\dfrac{ax+b}{cx+d}$ を $y=\dfrac{k}{x-p}+q$ の形に変形する。

・漸近線の $x=p$，$y=q$ は初めにかき，次に $x=0$，$y=0$ を代入して x 軸と y 軸の交点を求め，グラフ上の 1 点を明記すればグラフの概形は決まる。

これで 解決！

$y=\dfrac{ax+b}{cx+d}$ のグラフ ➡ $\begin{cases} y=\dfrac{k}{x-p}+q \text{ と変形して} \\ \text{初めに漸近線 } x=p, \ y=q \text{ をかけ} \end{cases}$

■練習1 関数 $y=\dfrac{ax+b}{2x+1}$ ……①のグラフは点 $(1, 0)$ を通り，直線 $y=1$ を漸近線にもつ

という。次の問いに答えよ。

(1) 定数 a，b の値を求めよ。

(2) ①のグラフをかき，それを利用して，不等式 $\dfrac{ax+b}{2x+1}>x-2$ を解け。〈成蹊大〉

2　無理関数のグラフと無理不等式

グラフを利用して，不等式 $\sqrt{3-x}<x-1$ を解け。　　　　〈早稲田大〉

解　　$y=\sqrt{3-x}$ と $y=x-1$ のグラフをかく。

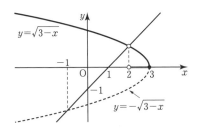

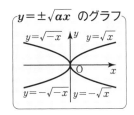

グラフの交点の x 座標は

$\sqrt{3-x}=x-1$ ……①　　の両辺を 2 乗して

$3-x=x^2-2x+1$

$(x+1)(x-2)=0$ より $x=-1,\ 2$

上のグラフより求める解は

$2<x\leqq3$

←$\sqrt{3-x}$ の定義域は $x\leqq3$
である。

アドバイス

・無理関数 $y=\sqrt{ax+b}$ のグラフは $y=\sqrt{a\left(x+\dfrac{b}{a}\right)}$

と表せるから，$y=\sqrt{ax}$ を x 軸方向に $-\dfrac{b}{a}$ だけ平行移動

したものである。したがって，$\sqrt{ax+b}$ の $\sqrt{\ }$ の中を 0 に
する x の値を x 軸上にとり，それから適当な整数を代入し
て 1 点をとれば，形は放物線なので概形はすぐかける。

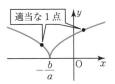

・$\sqrt{\ }$ のある方程式を，両辺 2 乗して解くと，余計な解まで出てくることがある。例
題でも $x=2$ 以外に $x=-1$ が出てきているが，これは①の両辺を 2 乗したため
に $-\sqrt{3-x}=x-1$ の解まで出てきてしまったのである。

これで　解決！

$y=\sqrt{ax+b}$ のグラフ　➡
$\begin{cases} ax+b=0 \text{ の値 } x=-\dfrac{b}{a} \text{ を } x \text{ 軸上にとる} \\ \text{適当な整数を代入して，通る 1 点を見つける} \\ \text{形は放物線} \end{cases}$

練習2　グラフを利用して，次の不等式を解け。

(1)　$\sqrt{2x+3}>x-1$　　　　〈福岡大〉　(2)　$\sqrt{2x-x^2}>x-1$　　　　〈関西大〉

3 逆関数

関数 $y=(x+1)^2-2$ $(x \geqq -1)$ の逆関数と，その定義域と値域をいえ。

〈松山大〉

解　$y=(x+1)^2-2$ ……①

の定義域が $x \geqq -1$ だから

値域は $y \geqq -2$ である。

①を x について解くと

$$(x+1)^2=y+2$$

$$x+1=\pm\sqrt{y+2}$$

$x \geqq -1$ だから $x=\sqrt{y+2}-1$

x と y を入れかえて

$$y=\sqrt{x+2}-1$$

定義域は $x \geqq -2$，値域は $y \geqq -1$

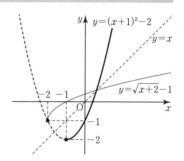

←もとの関数と逆関数では，"グラフ
は直線 $y=x$ に対称"で，"定義域
と値域が入れかわる"。

アドバイス ••

・関数 $y=f(x)$ の逆関数は x と y が1対1に対応している場合に存在し，次の手
順で求めることができる。

(i) $y=f(x)$ を x について解いて $x=g(y)$ で表す。

(ii) 次に，$y=(x$ の式$)$ の形にするために x と y を入れかえる。これを
$y=f^{-1}(x)$ で表す。

・もとの関数 $y=f(x)$ と逆関数 $y=f^{-1}(x)$ の間には，次の関係がある。

もとの関数 $y=f(x)$		逆関数 $y=f^{-1}(x)$
定　義　域	x と y を入れかえて	定　義　域
値　　域		値　　域

さらに，点 (a, b) について，$b=f(a) \Longleftrightarrow a=f^{-1}(b)$ が成り立つ。

これで解決！

$y=f(x)$ の逆関数
$y=f^{-1}(x)$ の求め方
$\Rightarrow$
$y=f(x)$ $\xrightarrow[\text{て解いて}]{x \text{につい}}$ $x=g(y)$ $\xrightarrow[\text{入れかえて}]{x \text{と} y \text{を}}$ $y=f^{-1}(x)$
$g=f^{-1}$

練習3 (1) 関数 $f(x)=\sqrt{4-3x}+4$ の逆関数 $f^{-1}(x)$ の定義域，および $f^{-1}(x)$ を求めよ。

〈関東学院大〉

(2) 次の逆関数を求めよ。

(i) $y=\dfrac{3x+4}{2x-1}$　〈東海大〉　(ii) $y=e^x-e^{-x}$　〈東京理科大〉

4 合成関数

(1) $f(x)=\dfrac{3x-1}{x-2}$, $g(x)=\dfrac{2x-1}{x-3}$ のとき, $g(f(x))$ を簡単にせよ。

〈芝浦工大〉

(2) $f(x)=\dfrac{5x+2}{3x+1}$, $g(x)=\dfrac{x-2}{ax+b}$ (a, b は定数) に対して, 常に $f(g(x))=x$ が成り立つとき, a, b の値を求めよ。　〈千葉工大〉

解

(1) $g(f(x))=\dfrac{2f(x)-1}{f(x)-3}$

$=\dfrac{2\cdot\dfrac{3x-1}{x-2}-1}{\dfrac{3x-1}{x-2}-3}=\dfrac{2(3x-1)-(x-2)}{3x-1-3(x-2)}$

$=x$

←$g(x)$ の x に $x\to f(x)$ として代入する。

←分母, 分子に $x-2$ を掛けて, 分母を払うと 計算が楽である。

(2) $f(g(x))=x$ より $f^{-1}(x)=g(x)$ だから

$y=\dfrac{5x+2}{3x+1}$ とおいて $f^{-1}(x)$ を求める。

x について解くと $x=\dfrac{-y+2}{3y-5}$

x と y を入れかえて $y=f^{-1}(x)=\dfrac{-x+2}{3x-5}$

よって, $f^{-1}(x)=\dfrac{x-2}{-3x+5}$ と $g(x)=\dfrac{x-2}{ax+b}$

が等しいから $a=-3$, $b=5$

←逆関数の定義から $f(\bullet)=\blacktriangle\Leftrightarrow f^{-1}(\blacktriangle)=\bullet$

←分子の $x-2$ に 式をそろえた。

アドバイス ・・

・合成関数 $g(f(x))$ の基本は, $g(x)$ の x のかわりに $f(x)$ を代入することだ。

・逆関数の定義より $f(f^{-1}(x))=f^{-1}(f(x))=x$ が成り立つ (一度計算して確かめるとよい)。これは合成関数の式変形として利用価値はある。

これで 解決!

合成関数の求め方 ➡ $g(f(x))=g(\boxed{x})$ に $\boxed{f(x)}$ を素直に代入

練習4 (1) $f(x)=\dfrac{2x+1}{x+1}$ と $g(x)=\dfrac{x-2}{x-1}$ の合成関数を $f(g(x))=\dfrac{ax+b}{2x+c}$ とする。

定数 a, b, c を求めよ。　〈東京都市大〉

(2) $f(x)=1+\dfrac{1}{x-1}$ とする。$x\neq1$ のとき, $f(f(x))$ を x の式で表せ。また, 方程式 $f(f(x))=f(x)$ を満たす x の値を求めよ。　〈愛知工大〉

5 数列の極限

次の極限を調べよ。

(1) $\displaystyle\lim_{n\to\infty}\dfrac{4n^2+5}{5-n^2}$ 〈茨城大〉

(2) $\displaystyle\lim_{n\to\infty}\dfrac{1}{\sqrt{n^2+n}-n}$ 〈京都産大〉

(3) $\displaystyle\lim_{n\to\infty}(n-3n^3)$

(4) $\displaystyle\lim_{n\to\infty}\{1+(-1)^n\}$

解

(1) $(与式)=\displaystyle\lim_{n\to\infty}\dfrac{4+\dfrac{5}{n^2}}{\dfrac{5}{n^2}-1}=-4$

←分母の最高次の項 n^2 で分母，分子を割った。

(2) $(与式)=\displaystyle\lim_{n\to\infty}\dfrac{\sqrt{n^2+n}+n}{(\sqrt{n^2+n}-n)(\sqrt{n^2+n}+n)}$

←$\sqrt{}$ のある場合はまず，有理化することを考える。

$=\displaystyle\lim_{n\to\infty}\dfrac{\sqrt{n^2+n}+n}{n}=\lim_{n\to\infty}\left(\sqrt{1+\dfrac{1}{n}}+1\right)=2$ ←分母，分子を n で割った。

(3) $(与式)=\displaystyle\lim_{n\to\infty}n^3\left(\dfrac{1}{n^2}-3\right)=-\infty$

←$\infty-\infty=0$ としてはいけない。一番速く ∞ に近づく項でくくる。

(4) $n=2m$ のとき $\qquad\qquad n=2m-1$ のとき

$\displaystyle\lim_{n\to\infty}\{1+(-1)^n\}\qquad\qquad \lim_{n\to\infty}\{1+(-1)^n\}$

$=1+1=2\qquad\qquad\qquad =1-1=0$

よって，振動するから，与式は**発散する**。

←振動は発散の１つである。

アドバイス ･･･

･数列の極限を求める場合，単に n の値を ∞ に近づけたとき

$\dfrac{定数}{0}\to\pm\infty$，$\dfrac{定数}{\infty}\to0$ となるが，$\dfrac{\infty}{\infty}$，$\dfrac{0}{0}$，$\infty-\infty$，$0\times\infty$ の形になるときは変形が必要である。その主な変形は次のようなものである。

 これで 解決!

数列の極限 ➡

$\dfrac{\infty}{\infty}$……分母の最高次の項で，分母，分子を割る

$\infty-\infty$……一番速く無限大に近づく項でくくる

$\sqrt{\infty}-\sqrt{\infty}$……無理式は有理化をはかれ

■練習5 次の極限を調べよ。

(1) $\displaystyle\lim_{n\to\infty}\dfrac{(n-3)(2n+1)}{n^2-n}$

(2) $\displaystyle\lim_{n\to\infty}(\sqrt{n^2+n}-n)$ 〈関西学院大〉

(3) $\displaystyle\lim_{n\to\infty}(n-2\sqrt{n})$

(4) $\displaystyle\lim_{n\to\infty}n\left(\sqrt{4+\dfrac{1}{n}}-2\right)$ 〈名古屋市立大〉

(5) $\displaystyle\lim_{n\to\infty}\cos n\pi$

6 数列の和と極限

極限値 $\displaystyle\lim_{n\to\infty}\dfrac{(n+1)^2+(n+2)^2+\cdots\cdots+(2n)^2}{n^3}$ を求めよ。　〈福岡大〉

解

$$(\text{分子})=\sum_{k=n+1}^{2n}k^2=\sum_{k=1}^{2n}k^2-\sum_{k=1}^{n}k^2$$

$$\leftarrow\underbrace{a_1+a_2+\cdots+a_n}_{}+\underbrace{a_{n+1}+\cdots+a_{2n}}_{}$$

$$\overbrace{}^{\sum\limits_{k=1}^{n}a_k}\overbrace{\phantom{a_{n+1}+\cdots+a_{2n}}}^{\sum\limits_{k=n+1}^{2n}a_k}$$

$$\underbrace{\phantom{a_1+a_2+\cdots+a_n+a_{n+1}+\cdots+a_{2n}}}_{\sum\limits_{k=1}^{2n}a_k}$$

$$=\frac{1}{6}\cdot2n(2n+1)(4n+1)-\frac{1}{6}n(n+1)(2n+1)$$

$$=\frac{1}{6}n(2n+1)(7n+1)$$

よって，$(\text{与式})=\displaystyle\lim_{n\to\infty}\dfrac{n(2n+1)(7n+1)}{6n^3}$

$$=\lim_{n\to\infty}\dfrac{1\cdot\left(2+\dfrac{1}{n}\right)\left(7+\dfrac{1}{n}\right)}{6}=\dfrac{7}{3}$$

別解

$$(\text{分子})=(n+1)^2+(n+2)^2+\cdots\cdots+(2n)^2$$

←末項は $(n+n)^2=(2n)^2$

$$=\sum_{k=1}^{n}(n+k)^2=\sum_{k=1}^{n}(n^2+2nk+k^2)$$

←各項に n が含まれているので，一般項を k 番目の式として $a_k=(n+k)^2$ として表す。

$$=n^2\sum_{k=1}^{n}1+2n\sum_{k=1}^{n}k+\sum_{k=1}^{n}k^2$$

$$=n^3+2n\cdot\frac{1}{2}n(n+1)+\frac{1}{6}n(n+1)(2n+1)$$

$$=\frac{7}{3}n^3+\frac{3}{2}n^2+\frac{1}{6}n$$

よって，$(\text{与式})=\displaystyle\lim_{n\to\infty}\dfrac{1}{n^3}\left(\dfrac{7}{3}n^3+\dfrac{3}{2}n^2+\dfrac{1}{6}n\right)=\lim_{n\to\infty}\left(\dfrac{7}{3}+\dfrac{3}{2n}+\dfrac{1}{6n^2}\right)=\dfrac{7}{3}$

アドバイス ••

- 数列の和に関する極限の問題では，極限値を求めるより数列の和を求めるほうが難しいものがあるので，数 B で学んだ数列の和の求め方が使えるように。
- Σ の公式はすべて $k=1$ から始まる。そこで，$(n+1)$ 番目から $2n$ 番目までの数列 $\{a_k\}$ の和は，次のようにして求める。

これで 解決！

$$a_{n+1}+a_{n+2}+\cdots\cdots+a_{2n}\implies\sum_{k=n+1}^{2n}a_k=\sum_{k=1}^{2n}a_k-\sum_{k=1}^{n}a_k$$

練習6 次の極限値を求めよ。

(1) $\displaystyle\lim_{n\to\infty}\dfrac{(n+1)^2+(n+2)^2+\cdots\cdots+(3n)^2}{1^2+2^2+3^2+\cdots\cdots+(2n)^2}$　〈慶応大〉

(2) $\displaystyle\lim_{n\to\infty}\{\log_2(n+(n+1)+(n+2)+\cdots\cdots+(2n))-\log_2 3n^2\}$　〈東京電機大〉

7 はさみうちによる極限値の決定

一般項が次の式で表されている数列の極限を求めよ。ただし，$[a]$ は a を超えない最大の整数を表す。$[\ ]$ をガウス記号という。

(1) $\dfrac{1}{n}\sin n\theta$

(2) $\dfrac{1}{n}\left[\dfrac{n}{3}\right]$

解 (1) 自然数 n に対して，$-1\leqq\sin n\theta\leqq 1$ だから

$$-\frac{1}{n}\leqq\frac{1}{n}\sin n\theta\leqq\frac{1}{n}$$

ここで，$\displaystyle\lim_{n\to\infty}\left(-\frac{1}{n}\right)=0,\ \lim_{n\to\infty}\frac{1}{n}=0$

よって，はさみうちの原理より

$$\lim_{n\to\infty}\frac{1}{n}\sin n\theta=\mathbf{0}$$

> $\sin n\theta,\ \cos n\theta$
> のとりうる範囲
> $-1\leqq\sin n\theta\leqq 1$
> $-1\leqq\cos n\theta\leqq 1$

(2) m を整数として $\left[\dfrac{n}{3}\right]=m$ とすると

$$m\leqq\frac{n}{3}<m+1 \quad\text{と表せる。}$$

←$[a]=m$（整数）のとき
$m\leqq a<m+1$

$$3m\leqq n<3m+3 \quad\text{より}\quad \frac{1}{3m+3}<\frac{1}{n}\leqq\frac{1}{3m}$$

$$\frac{1}{3m+3}\cdot m<\frac{1}{n}\left[\frac{n}{3}\right]\leqq\frac{1}{3m}\cdot m=\frac{1}{3}$$

←$\dfrac{1}{n}\left[\dfrac{n}{3}\right]$ を m を用いてはさみこむ。

ここで，$n\to\infty$ のとき $m\to\infty$ だから

$$\lim_{m\to\infty}\frac{m}{3m+3}=\lim_{m\to\infty}\frac{1}{3+\dfrac{3}{m}}=\frac{1}{3}$$

よって，はさみうちの原理より $\displaystyle\lim_{n\to\infty}\frac{1}{n}\left[\frac{n}{3}\right]=\frac{1}{3}$

アドバイス

・$\displaystyle\lim_{n\to\infty}a_n$ を求めるとき，極限値は予想できても，それをどう表したらよいか迷うことがある。

・そのようなとき，はさみうちの原理を考えてみる。値が定まらない項の最小値 m と最大値 M で $m\leqq A\leqq M$ とはさみこむことを考える。

これで 解決！

$(-1)^n,\ \sin n\theta,\ \cos n\theta,\ [n]$
などの値の定まらない極限は ➡ はさみうちの原理を考える

練習7 一般項が次の式で表されている数列の極限を求めよ。

(1) $\dfrac{2+(-1)^n}{n}$

(2) $\dfrac{1}{n}\cos^2\dfrac{n\pi}{3}$

(3) $\dfrac{1}{n}\left[\dfrac{2n+1}{3}\right]$

8 数列 $\{r^n\}$ の極限

r を定数とするとき，$\displaystyle\lim_{n\to\infty}\frac{r^{n+1}-1}{r^n+1}$ $(r \neq -1)$ の極限を調べよ。

〈北海道工大〉

解

(i) $|r|<1$ のとき，$\displaystyle\lim_{n\to\infty}r^n=0$

よって，$\displaystyle\lim_{n\to\infty}\frac{r^{n+1}-1}{r^n+1}=\frac{0-1}{0+1}=-1$

(ii) $|r|>1$ のとき，$\displaystyle\lim_{n\to\infty}|r|^n=\infty$ より $\displaystyle\lim_{n\to\infty}\frac{1}{r^n}=0$

よって，$\displaystyle\lim_{n\to\infty}\frac{r^{n+1}-1}{r^n+1}=\lim_{n\to\infty}\frac{r-\dfrac{1}{r^n}}{1+\dfrac{1}{r^n}}=r$

(iii) $r=1$ のとき，$\displaystyle\lim_{n\to\infty}r^n=1$

よって，$\displaystyle\lim_{n\to\infty}\frac{r^{n+1}-1}{r^n+1}=\frac{1-1}{1+1}=0$

ゆえに，$\displaystyle\lim_{n\to\infty}\frac{r^{n+1}-1}{r^n+1}=\begin{cases}-1 & (-1<r<1) \\ r & (r<-1,\ 1<r) \\ 0 & (r=1)\end{cases}$

―――$\{r^n\}$ の極限―――

(i) $|r|<1$ のとき

$\displaystyle\lim_{n\to\infty}r^n=0$

(ii) $|r|>1$ のとき

$\displaystyle\lim_{n\to\infty}r^n=$(発散)

$\begin{pmatrix}r>1 \text{ のとき } \infty, \\ r<-1 \text{ のとき} \\ \pm\infty \text{ に振動}\end{pmatrix}$

(iii) $r=1$ のとき

$\displaystyle\lim_{n\to\infty}r^n=1$

(iv) $r=-1$ のとき

$\displaystyle\lim_{n\to\infty}r^n=$(発散)

（±1 に振動）

アドバイス ・・

・無限等比数列 $\{r^n\}$ の極限の収束・発散は，r を次の4通りの場合に分けて極限を調べればよい。

・なお，例題で，$r=-1$ のときは，n が奇数のとき，分母が $1+r^n=0$ となるので存在しない（定義されない）。この場合，"極限はない" という。

 これで 解決 !

数列 $\{r^n\}$ の極限
$\begin{pmatrix}\text{場合分けは右の} \\ \text{4通りで考える}\end{pmatrix}$ ➡

(i) $|r|<1$ …… $\displaystyle\lim_{n\to\infty}r^n=0$

(II) $|r|>1$ …… $\displaystyle\lim_{n\to\infty}r^n=$(発散) $\left(\displaystyle\lim_{n\to\infty}\frac{1}{r^n}=0\right)$

(iii) $r=1$ …… $\displaystyle\lim_{n\to\infty}r^n=1$

(iv) $r=-1$ …… $\displaystyle\lim_{n\to\infty}r^n=$(発散) （$\pm1$ に振動）

練習8 次の極限を調べよ。

(1) $\displaystyle\lim_{n\to\infty}\frac{1-r^n}{1+r^{2n}}$ 〈東海大〉

(2) $\displaystyle\lim_{n\to\infty}\frac{r^{n-1}-3^{n+1}}{r^n+3^{n-1}}$ $(r \neq -3)$ 〈弘前大〉

9 漸化式と極限

$a_1=0$, $a_{n+1}=-\dfrac{1}{4}a_n+1$ $(n=1, 2, 3, \cdots\cdots)$ によって定義される

数列 $\{a_n\}$ がある。

(1) a_n を n の式で表せ。　　(2) $\displaystyle\lim_{n\to\infty}a_n$ を求めよ。　〈東京工科大〉

解　(1) $a_{n+1}=-\dfrac{1}{4}a_n+1$ を

$a_{n+1}-\dfrac{4}{5}=-\dfrac{1}{4}\left(a_n-\dfrac{4}{5}\right)$ と変形する。　　←$\alpha=-\dfrac{1}{4}\alpha+1$ より $\alpha=\dfrac{4}{5}$

数列 $\left\{a_n-\dfrac{4}{5}\right\}$ は初項 $a_1-\dfrac{4}{5}=-\dfrac{4}{5}$

公比 $-\dfrac{1}{4}$ の等比数列だから

$a_n-\dfrac{4}{5}=-\dfrac{4}{5}\left(-\dfrac{1}{4}\right)^{n-1}$

よって，$a_n=\dfrac{4}{5}\left\{1-\left(-\dfrac{1}{4}\right)^{n-1}\right\}$

┌──2項間の漸化式──┐
$a_{n+1}=pa_n+q$ $(p\neq1)$
$\Downarrow$
$a_{n+1}-\alpha=p(a_n-\alpha)$
$\left(\begin{array}{l}\alpha\text{ は }a_{n+1}=a_n=\alpha\text{ と}\\\text{して }\alpha=p\alpha+q\text{ の解}\end{array}\right)$

(2) $\displaystyle\lim_{n\to\infty}\left(-\dfrac{1}{4}\right)^{n-1}=0$ だから $\displaystyle\lim_{n\to\infty}a_n=\dfrac{4}{5}$

アドバイス・・

・漸化式で表された数列 $\{a_n\}$ の極限値を求める問題もよく出題される。ここでは極
限より漸化式の一般項を求めるのがメインとなる。

・極限の考え方は最後にほんの少しという感じだ。すべて数 B で学んだ漸化式の
一般項 a_n の求め方が基本になるので一般項の求め方を復習しておくとよい。

漸化式と極限　➡　一般項 a_n を求めることが point

練習9 (1) $a_1=0$, $a_{n+1}=\dfrac{1}{3}a_n+1$ $(n\geq1)$ で定義される数列 $\{a_n\}$ について

一般項は $a_n=\boxed{}$ であり，$\displaystyle\lim_{n\to\infty}a_n=\boxed{}$ である。　〈北見工大〉

(2) 数列 $\{a_n\}$ が $a_1=\dfrac{1}{4}$, $2a_n-a_{n+1}-3a_na_{n+1}=0$ $(n=1, 2, 3, \cdots\cdots)$

を満たしている。この数列の一般項は，$a_n=\boxed{}$ で与えられる。

また，$\displaystyle\lim_{n\to\infty}a_n=\boxed{}$ である。　〈慶応大〉

10 漸化式の一般項 a_n の極限（はさみうちによる）

$a_1=3$, $a_{n+1}=3-\dfrac{2}{a_n}$ $(n=1,\ 2,\ 3,\ \cdots\cdots)$ で定められる数列 $\{a_n\}$ について次のことを示せ。

(1) $a_n>2$ 　　　　　　　　　　(2) $a_{n+1}-2<\dfrac{1}{2}(a_n-2)$

(3) $\displaystyle\lim_{n\to\infty}a_n=2$ 　　　　　　　　　　　　　　　　　〈琉球大〉

解　(1) ［I］　$n=1$ のとき，$a_1=3>2$ で成り立つ。　←数学的帰納法で証明する。

　　　［II］　$n=k$ のとき，$a_k>2$ が成り立つとすると

　　　　　　$n=k+1$ のとき，

　　　　　　　$a_{k+1}-2=3-\dfrac{2}{a_k}-2=\dfrac{a_k-2}{a_k}>0$ 　　　よって，$a_{k+1}>2$

　　　［I］，［II］により，すべての自然数 n に対して $a_n>2$ は成り立つ。

　(2)　(1)より　$a_{n+1}-2=\dfrac{a_n-2}{a_n}=\dfrac{1}{a_n}(a_n-2)$ 　　　$\leftarrow a_{n+1}-2=r(a_n-2)$ の形にする。

　　　$a_n>2$ だから $0<\dfrac{1}{a_n}<\dfrac{1}{2}$

　　　よって，$a_{n+1}-2<\dfrac{1}{2}(a_n-2)$ $(n\geqq1)$ 　　　$\leftarrow n$ に $n-1$，$n-2$，…を代入した関係式を(3)で使う。

　(3)　(2)の結果を繰り返し用いると

　　　　$0<a_n-2<\dfrac{1}{2}(a_{n-1}-2)<\left(\dfrac{1}{2}\right)^2(a_{n-2}-2)<\cdots\cdots<\left(\dfrac{1}{2}\right)^{n-1}(a_1-2)$

　　　　$\displaystyle\lim_{n\to\infty}\left(\dfrac{1}{2}\right)^{n-1}(3-2)=0$ だから，はさみうちの原理により　$\leftarrow n\to\infty$ のとき $0<a_n-2<0$

　　　　$\displaystyle\lim_{n\to\infty}(a_n-2)=0$ 　　　よって，$\displaystyle\lim_{n\to\infty}a_n=2$

アドバイス・・

・漸化式で定義された数列で一般項 a_n の極限値を不等式を使ったはさみうちの原理で求める問題がある。$0\leqq a_n-\alpha\leqq r(a_{n-1}-\alpha)$ の形に変形して，$\displaystyle\lim_{n\to\infty}a_n=\alpha$ を導くことになるが，この変形では $0<r<1$ をいかに示すかが point となる。

これで　解決！

はさみうちによる漸化式の極限値

$\begin{array}{l} a_{n+1}-\alpha<r(a_n-\alpha) \\ (0<r<1) \end{array}$ $\implies$ $0\leqq\displaystyle\lim_{n\to\infty}(a_n-\alpha)\leqq\lim_{n\to\infty}r^{n-1}(a_1-\alpha)=0$ 　0 に収束する

■**練習10**　$a_1=2$, $a_{n+1}=\dfrac{1}{2}a_n+\dfrac{1}{a_n}$ $(n=1,\ 2,\ \cdots\cdots)$ で定義される数列 $\{a_n\}$ に対して，次を示せ。

(1) $a_n>\sqrt{2}$ 　　　　　　　　(2) $a_{n+1}-\sqrt{2}<\dfrac{1}{2}(a_n-\sqrt{2})$

(3) $\displaystyle\lim_{n\to\infty}a_n=\sqrt{2}$ 　　　　　　　　　　　　　　　　　〈岐阜大〉

11 無限級数の収束と発散

次の無限級数の収束・発散を調べ，収束するものは，その和を求めよ。

(1) $\left(1-\dfrac{1}{2}\right)+\left(\dfrac{1}{2}-\dfrac{1}{3}\right)+\left(\dfrac{1}{3}-\dfrac{1}{4}\right)+\cdots\cdots$

(2) $1-\dfrac{1}{2}+\dfrac{1}{2}-\dfrac{1}{3}+\dfrac{1}{3}-\dfrac{1}{4}+\cdots\cdots$　　(3) $1+\dfrac{2}{3}+\dfrac{3}{5}+\dfrac{4}{7}+\cdots\cdots$

解

部分和を S_n とすると

(1) $S_n=\left(1-\dfrac{1}{2}\right)+\left(\dfrac{1}{2}-\dfrac{1}{3}\right)+\left(\dfrac{1}{3}-\dfrac{1}{4}\right)+\cdots\cdots+\left(\dfrac{1}{n}-\dfrac{1}{n+1}\right)$

$\qquad=1-\dfrac{1}{n+1}$　　よって，$\displaystyle\lim_{n\to\infty}S_n=\lim_{n\to\infty}\left(1-\dfrac{1}{n+1}\right)=1$

よって，**収束し，和は 1**

(2) $n=2m-1$ のとき

$S_{2m-1}=1+\left(-\dfrac{1}{2}+\dfrac{1}{2}\right)+\left(-\dfrac{1}{3}+\dfrac{1}{3}\right)+\cdots\cdots+\left(-\dfrac{1}{m}+\dfrac{1}{m}\right)=1$

$n=2m$ のとき

$\quad\leftarrow a_1-a_2+a_3-a_4+\cdots\cdots$
では奇数項までの和と偶数項までの和が異なるので奇数項までの和 S_{2m-1} と偶数項までの和 S_{2m} に分ける。

$S_{2m}=\left(1-\dfrac{1}{2}\right)+\left(\dfrac{1}{2}-\dfrac{1}{3}\right)+\cdots\cdots+\left(\dfrac{1}{m}-\dfrac{1}{m+1}\right)=1-\dfrac{1}{m+1}$

よって，$\displaystyle\lim_{m\to\infty}S_{2m-1}=\lim_{m\to\infty}S_{2m}=1$　　ゆえに，**収束し，和は 1**

(3) 第 n 項 a_n は $a_n=\dfrac{n}{2n-1}$ で，$\displaystyle\lim_{n\to\infty}a_n=\lim_{n\to\infty}\dfrac{n}{2n-1}=\lim_{n\to\infty}\dfrac{1}{2-\dfrac{1}{n}}=\dfrac{1}{2}\neq 0$

よって，$\displaystyle\lim_{n\to\infty}a_n\neq 0$ であるから，**発散する。**

アドバイス

・無限級数の収束・発散は，部分和 S_n を求めて，$\displaystyle\lim_{n\to\infty}S_n$ を調べるのが基本である。

・級数 $a_1-a_2+a_3-a_4+\cdots\cdots$ では S_{2m-1} と S_{2m} を別々に考えるが，そのとき，
$\displaystyle\lim_{m\to\infty}S_{2m-1}=\lim_{m\to\infty}S_{2m}=\alpha$ ならば収束，$\displaystyle\lim_{m\to\infty}S_{2m-1}\neq\lim_{m\to\infty}S_{2m}$ のときは収束しない。

・さらに，S_n が求められない場合には，$\displaystyle\lim_{n\to\infty}a_n\neq 0$ より発散を示すことが多い。

無限級数の和 ➡	・部分和 S_n を求めて，$\displaystyle\lim_{n\to\infty}S_n$ が基本
	・S_n が求められないとき，$\displaystyle\lim_{n\to\infty}a_n\neq 0$ より発散を示す

練習11 次の無限級数の収束・発散を調べ，収束するものは，その和を求めよ。

(1) $\displaystyle\sum_{n=1}^{\infty}\dfrac{1}{\sqrt{n+1}+\sqrt{n}}$　　　　(2) $\displaystyle\sum_{n=1}^{\infty}\dfrac{2}{n(n+1)(n+2)}$　　〈弘前大〉

(3) $\dfrac{1}{4}+\dfrac{3}{7}+\dfrac{5}{10}+\dfrac{7}{13}+\cdots\cdots$　　(4) $2-\dfrac{3}{2}+\dfrac{3}{2}-\dfrac{4}{3}+\dfrac{4}{3}-\dfrac{5}{4}+\cdots\cdots$

〈神戸大〉

12　無限等比級数の収束と発散

無限級数 $x+x(2-x^2)+x(2-x^2)^2+\cdots\cdots+x(2-x^2)^n+\cdots\cdots$ が収束するような実数 x の値の範囲を求め，さらにそのときの級数の和を求めよ。　〈東京電機大〉

解　初項 x，公比 $2-x^2$ だから

(i)　$x\neq0$ のとき，$-1<2-x^2<1$ ならば収束する。

　$-1<2-x^2$ より　$-\sqrt{3}<x<\sqrt{3}$ ……①

　$2-x^2<1$ より　$x<-1,\ 1<x$ ……②

①，②の共通範囲は

　$-\sqrt{3}<x<-1,\ 1<x<\sqrt{3}$

このとき，級数の和は $\dfrac{x}{1-(2-x^2)}=\dfrac{x}{x^2-1}$　←収束するとき $S=\dfrac{a}{1-r}$

(ii)　$x=0$ のとき，すべての項が 0 になるので，級数の和は 0 に収束する。

よって，(i)，(ii)より

　$-\sqrt{3}<x<-1,\ 1<x<\sqrt{3}$ のとき $\dfrac{x}{x^2-1}$，$x=0$ のとき 0

アドバイス

・無限等比級数 $a+ar+ar^2+\cdots\cdots+ar^{n-1}+\cdots\cdots$ の収束・発散は部分和を S_n とすると $a\neq0$ のとき

$|r|\neq1$ のとき，$S_n=\dfrac{a(1-r^n)}{1-r}$ だから $\begin{cases}|r|<1 \text{ のとき収束して } \lim_{n\to\infty}S_n=\dfrac{a}{1-r}\\ |r|>1 \text{ のとき発散する。}\end{cases}$

$r=1$ のとき，$S_n=na$ だから発散，$r=-1$ のときは振動するからやはり発散。

・$a=0$ のときはすべての項が 0 となるので，0 に収束する。

これで　解決！

無限等比級数 の 収束・発散 $\longrightarrow$ $a+ar+ar^2+\cdots\cdots+ar^{n-1}+\cdots\cdots$

$\Rightarrow$ $a\neq0$ $\begin{cases}|r|<1 \text{ のとき，収束して } \dfrac{a}{1-r}\\ |r|\geq1 \text{ のとき，発散}\end{cases}$

$a=0$ のときは 0 に収束する。

練習12　$0<x<\dfrac{\pi}{2}$ のとき，無限級数

$\tan x+(\tan x)^3+(\tan x)^5+\cdots\cdots+(\tan x)^{2n-1}+\cdots\cdots$

が収束するような x の範囲は $\boxed{}$ であり，級数の和が $\dfrac{\sqrt{3}}{2}$ になるのは $x=\boxed{}$ のときである。　〈愛知工大〉

13 無限等比級数の図形への応用

直角二等辺三角形の頂点 A から BC に垂線 AA_1 を下ろす。A_1 から AB に垂線 A_1A_2 を下ろし，以下，右の図のように続けていくとき，

$$L = AA_1 + A_1A_2 + A_2A_3 + \cdots\cdots$$

を求めよ。　　　　　　　　　　　　〈日本女子大〉

解　直角二等辺三角形の 3 辺の比より

$$AA_1 = 5\sqrt{2}, \quad A_1A_2 = 5$$

一般に，$A_nA_{n+1} = \dfrac{1}{\sqrt{2}}A_{n-1}A_n$ が成り立つ。　　←n 番目と $n+1$ 番目の関係を調べてかいておく。

よって，L は，初項 $5\sqrt{2}$，公比 $\dfrac{1}{\sqrt{2}}$ の

無限等比級数となるから収束する。

←$a + ar + ar^2 + \cdots\cdots + ar^{n-1} + \cdots$
$(a \neq 0)$ は $|r| < 1$ のとき
$S = \dfrac{a}{1-r}$ に収束する。

よって，$L = \dfrac{5\sqrt{2}}{1 - \dfrac{1}{\sqrt{2}}} = \dfrac{10}{\sqrt{2}-1} = 10(\sqrt{2}+1)$

アドバイス・・・

・一定の規則で繰り返される図形の長さや，面積などの総和を求める問題は，数 B の等比数列でも出てくる。数Ⅲでは，無限に繰り返されるので無限等比級数になる。
・考え方は，第 1 番目の図形と第 2 番目の図形を比較して相似比を求めることだ。

$$2\,番目の\binom{(長さ)}{(面積)} = r \times 1\,番目の\binom{(長さ)}{(面積)} \Rightarrow (n+1)\,番目の\binom{(長さ)}{(面積)} = r \times n\,番目の\binom{(長さ)}{(面積)}$$

この関係を見い出せれば，級数がわかる。たいてい，$0 < r < 1$ で収束して和をもつ。

これで 解決!

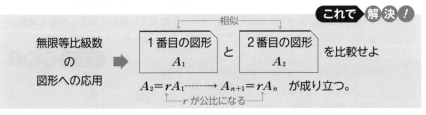

■**練習13**　$AB = 4$，$BC = 6$，$\angle ABC = 90°$ の直角三角形 ABC の内部に，図のように正方形 S_1, S_2, ……, S_n, ……がある。

(1) S_1 の 1 辺の長さを求めよ。

(2) S_n の面積を a_n $(n = 1, 2, 3, \cdots\cdots)$ とする。a_n を n の式で表せ。

(3) $\displaystyle\lim_{n\to\infty}\sum_{k=1}^{n} a_k$ の値を求めよ。　　　　　　　〈芝浦工大〉

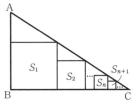

14　関数の極限

次の関数の極限値を求めよ。

(1) $\displaystyle\lim_{x\to 2}\dfrac{x^3-8}{x^2-3x+2}$　〈東海大〉　(2) $\displaystyle\lim_{x\to -\infty}(\sqrt{x^2-x}+x)$　〈会津大〉

解

(1) （与式）$=\displaystyle\lim_{x\to 2}\dfrac{(x-2)(x^2+2x+4)}{(x-2)(x-1)}$

$\quad\quad=\displaystyle\lim_{x\to 2}\dfrac{x^2+2x+4}{x-1}$

$\quad\quad=\dfrac{2^2+2\cdot 2+4}{2-1}=\boldsymbol{12}$

←$x\to 2$ で $\dfrac{0}{0}$ に近づくから因数分解して，約分する。

←$\dfrac{0}{0}$ でなくなれば，x の値を代入できる。

(2) $x=-t$ とおくと，$x\to -\infty$ で $t\to \infty$ だから

（与式）$=\displaystyle\lim_{t\to\infty}(\sqrt{(-t)^2-(-t)}-t)$

$\quad\quad=\displaystyle\lim_{t\to\infty}(\sqrt{t^2+t}-t)$

$\quad\quad=\displaystyle\lim_{t\to\infty}\dfrac{(\sqrt{t^2+t}-t)(\sqrt{t^2+t}+t)}{\sqrt{t^2+t}+t}$

$\quad\quad=\displaystyle\lim_{t\to\infty}\dfrac{t}{\sqrt{t^2+t}+t}=\lim_{t\to\infty}\dfrac{1}{\sqrt{1+\dfrac{1}{t}}+1}=\dfrac{1}{2}$

←$x\to -\infty$ だから，$x=-t$ とおいて $t\to \infty$ で考える。

←$\sqrt{}$ があるときは，有理化を考える。
$(\sqrt{\bigcirc}+\sqrt{\bullet})(\sqrt{\bigcirc}-\sqrt{\bullet})$
$=\bigcirc-\bullet$

アドバイス

・関数の極限は，数列の極限の場合と同様に考えればよい。とくに，$x\to \alpha$ や $x\to \infty$ のとき，$\dfrac{\infty}{\infty}$，$\dfrac{0}{0}$，$\infty-\infty$，$\infty\times 0$ の形になるものは変形しなくてはならない。

・また，$\displaystyle\lim_{x\to -\infty}f(x)$ は $x=-t$ とおいて $\displaystyle\lim_{t\to\infty}f(-t)$ に直して計算するのがわかりやすい。

関数の極限 ➡
$\dfrac{\infty}{\infty}$……x の最高次の項で割る

$\infty-\infty$……x の最高次でくくり出す

$\dfrac{0}{0}$……分母，分子の約分を考える

$\sqrt{}$ がある式……有理化をはかる

練習14 次の極限値を求めよ。

(1) $\displaystyle\lim_{x\to -1}\dfrac{x^2+4x+3}{2x^2+x-1}$　〈大阪歯大〉　(2) $\displaystyle\lim_{x\to 0}\dfrac{x}{\sqrt{2+x}-\sqrt{2-x}}$　〈滋賀県立大〉

(3) $\displaystyle\lim_{x\to\infty}(\sqrt{9x^2+2x}-3x)$　〈山梨大〉　(4) $\displaystyle\lim_{x\to -\infty}(\sqrt{x^2+3x}+x)$　〈関西大〉

15 関数の極限と係数決定

次の等式が成り立つように，定数 a, b の値を定めよ。

$$\lim_{x \to 1} \frac{a\sqrt{x+3}-b}{x-1}=1$$

〈香川大〉

解 $x \to 1$ のとき，分母 $\to 0$ だから
分子 $\to 0$ でなければならない。

←極限値をもつとき，
　分母 $\to 0$ ならば 分子 $\to 0$

よって，$\displaystyle\lim_{x \to 1}(a\sqrt{x+3}-b)=2a-b=0$

←極限値をもつための必要条件

$b=2a$ ……① を代入すると

$(左辺)=\displaystyle\lim_{x \to 1}\frac{a\sqrt{x+3}-2a}{x-1}$

←$\sqrt{}$ のある式は有理化するような変形

$\displaystyle=\lim_{x \to 1}\frac{a(\sqrt{x+3}-2)(\sqrt{x+3}+2)}{(x-1)(\sqrt{x+3}+2)}$

$\displaystyle=\lim_{x \to 1}\frac{a(x-1)}{(x-1)(\sqrt{x+3}+2)}$

$\displaystyle=\lim_{x \to 1}\frac{a}{\sqrt{x+3}+2}=\frac{a}{4}$

$\dfrac{a}{4}=1$ より $a=4$,

①に代入すると $b=8$

←極限値が 1 であるための十分条件

ゆえに，**$a=4$, $b=8$**

アドバイス ••

・$\displaystyle\lim_{x \to \alpha}\frac{f(x)}{g(x)}$ が極限値をもつとき，$x \to \alpha$ で 分母 $\to 0$ ならば 分子 $\to 0$ であることが必要である。これは，$\displaystyle\lim_{x \to \alpha}f(x)=f(\alpha)=0$ となることで，この必要条件を代入すれば $f(x)$ は $x-\alpha$ を因数にもち，分母と約分できる。

これで 解決！

$$\lim_{x \to \alpha}\frac{f(x)}{g(x)}=k \ (定数)$$
（極限値をもつ条件）

$$\lim_{x \to \alpha}g(x)=0 \ ならば \ \lim_{x \to \alpha}f(x)=0$$

"分母 $\to 0$ ならば 分子 $\to 0$" の条件を押さえる

練習15 (1) 次の等式が成り立つように，定数 a, b の値を定めよ。

$$\lim_{x \to 3} \frac{\sqrt{3x+a}-b}{x-3}=\frac{3}{8}$$

〈青山学院大〉

(2) 関数 $f(x)=\dfrac{ax^3+bx^2+cx+d}{x^2+x-2}$ において，$\displaystyle\lim_{x \to 1}f(x)=0$, $\displaystyle\lim_{x \to \infty}f(x)=1$ となるように，a, b, c, d の値を定めよ。

〈広島大〉

16 指数・対数関数の極限

次の極限を求めよ。

(1) $\displaystyle\lim_{x\to\infty}\left(\dfrac{1}{2}\right)^{-x}$

(2) $\displaystyle\lim_{x\to 0}2^{\frac{1}{x}}$

(3) $\displaystyle\lim_{x\to 0}\log_2\dfrac{1}{x^2}$

(4) $\displaystyle\lim_{x\to\infty}\{\log_2(2x-1)-\log_2 x\}$

解

(1) $\displaystyle\lim_{x\to\infty}\left(\dfrac{1}{2}\right)^{-x}=\lim_{x\to\infty}(2^{-1})^{-x}=\lim_{x\to\infty}2^{x}=\infty$

(2) $\displaystyle\lim_{x\to +0}\dfrac{1}{x}=\infty$　だから　$\displaystyle\lim_{x\to +0}2^{\frac{1}{x}}=\infty$　←右からの極限

$\displaystyle\lim_{x\to -0}\dfrac{1}{x}=-\infty$　だから　$\displaystyle\lim_{x\to -0}2^{\frac{1}{x}}=0$　←左からの極限

よって，$\displaystyle\lim_{x\to 0}2^{\frac{1}{x}}$ の極限はない。

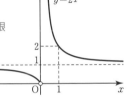

(3) $\displaystyle\lim_{x\to 0}\dfrac{1}{x^2}=\infty$　だから　$\displaystyle\lim_{x\to 0}\log_2\dfrac{1}{x^2}=\infty$

(4) $\displaystyle\lim_{x\to\infty}\{\log_2(2x-1)-\log_2 x\}$　　←$\log_a M-\log_a N=\log_a\dfrac{M}{N}$

$=\displaystyle\lim_{x\to\infty}\log_2\dfrac{2x-1}{x}=\lim_{x\to\infty}\log_2\left(2-\dfrac{1}{x}\right)$　←真数部分の極限を調べる。

$=\log_2 2=1$

アドバイス

・指数関数，対数関数の極限を考えるとき，基本はグラフの形から判断する。

・問題の式を変形して，わかりやすい式にすることも大切になってくる。さらに，必要に応じて右からの極限と左からの極限を考えなくてはならない。

これで　解決！

指数・対数関数
の極限はグラフ
で考えるのが基本　➡

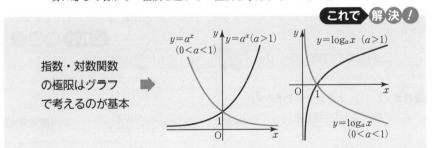

練習16 次の極限を求めよ。ただし，$a>0$，$a\neq 1$ とする。

(1) $\displaystyle\lim_{x\to\infty}(3^x-2^x)$

(2) $\displaystyle\lim_{x\to -\infty}\dfrac{5^x}{3^x+2^x}$

(3) $\displaystyle\lim_{x\to 1}3^{\frac{1}{x-1}}$

(4) $\displaystyle\lim_{x\to +0}\log_3\dfrac{1}{x}$

(5) $\displaystyle\lim_{x\to\infty}(\log_2\sqrt{2x^2+1}-\log_2 x)$

(6) $\displaystyle\lim_{x\to\infty}\log_a(\sqrt{x+1}-\sqrt{x})$

17 三角関数の極限

次の極限値を求めよ。

(1) $\displaystyle\lim_{x \to 0} \frac{1-\cos x}{x^2}$

(2) $\displaystyle\lim_{x \to \pi} \frac{\sin 2x}{x-\pi}$

解

(1) $(\text{与式}) = \displaystyle\lim_{x \to 0} \frac{(1-\cos x)(1+\cos x)}{x^2(1+\cos x)}$

$= \displaystyle\lim_{x \to 0} \frac{1-\cos^2 x}{x^2(1+\cos x)}$

$= \displaystyle\lim_{x \to 0} \frac{\sin^2 x}{x^2(1+\cos x)}$

$= \displaystyle\lim_{x \to 0} \left(\frac{\sin x}{x}\right)^2 \cdot \frac{1}{1+\cos x} = \frac{1}{2}$

←$1-\cos x$ があるときは $1+\cos x$ を分母, 分子に掛ける。

←$\displaystyle\lim_{x \to 0} \frac{\sin x}{x} = 1$ が使えるように変形する。

(2) $x-\pi = \theta$ とおくと, $x \to \pi$ で $\theta \to 0$

$(\text{与式}) = \displaystyle\lim_{\theta \to 0} \frac{\sin 2(\theta+\pi)}{\theta} = \lim_{\theta \to 0} \frac{\sin 2\theta}{\theta}$

$= \displaystyle\lim_{\theta \to 0} 2 \cdot \frac{\sin 2\theta}{2\theta} = 2$

←$x \to \pi$ だから $x-\pi = \theta$ とおいた。

←$\sin(2\theta+2\pi) = \sin 2\theta$

←$2 \cdot \dfrac{\sin 2\theta}{2\theta}$ ← 2θ に合わせた。そのために 2 がくる。

アドバイス

・三角関数の極限値を求めるには, $\displaystyle\lim_{x \to 0} \frac{\sin x}{x} = 1$ がよりどころになるから, この形に強引に変形することになる。

・このとき, x の部分は $\displaystyle\lim_{x \to 0} \frac{\sin \bullet x}{\bullet x}$ のように, 同じ $\bullet x$ の形にすることが point だ。

・(2)のように $x \to \alpha$ $(\alpha \ne 0)$ のときは, $x-\alpha = \theta$ とおき, $\theta \to 0$ にして考える。

これで 解決!

三角関数の極限 ➡ $\displaystyle\lim_{x \to 0} \frac{\sin \bullet x}{\bullet x} = 1$ 強引に同じ形にする

練習17 (1) 次の極限値を求めよ。

① $\displaystyle\lim_{x \to 0} \frac{1-\cos 2x}{x^2}$ 〈法政大〉

② $\displaystyle\lim_{x \to 0} \frac{\sin^3 x}{x(1-\cos x)}$ 〈順天堂大〉

③ $\displaystyle\lim_{x \to \frac{\pi}{2}} (\pi-2x)\tan x$ 〈愛知教育大〉

④ $\displaystyle\lim_{x \to \pi} \frac{\sin x}{x^2-\pi^2}$ 〈神奈川大〉

(2) 半径 r の円に内接する正 n 角形の面積を S_n とするとき, $\displaystyle\lim_{n \to \infty} S_n = \pi r^2$ となることを示せ。 〈福岡教育大〉

18 $\lim_{h \to 0}(1+h)^{\frac{1}{h}}=e$ の応用

次の極限値を求めよ。

(1) $\displaystyle\lim_{h \to 0}(1+3h)^{\frac{1}{h}}$　　　　　　　(2) $\displaystyle\lim_{x \to 0}\dfrac{e^x-1}{x}$　　　〈香川大〉

解 (1) $3h=t\left(h=\dfrac{t}{3}\right)$ とおくと，$h \to 0$ で $t \to 0$

←$\lim_{\bullet \to 0}(1+\bullet)^{\frac{1}{\bullet}}=e$ が使えるように変形する。

$$\lim_{h \to 0}(1+3h)^{\frac{1}{h}}=\lim_{t \to 0}(1+t)^{\frac{3}{t}}$$
$$=\lim_{t \to 0}\left\{(1+t)^{\frac{1}{t}}\right\}^3=e^3$$

(2) $e^x-1=h$ とおくと，$e^x=1+h$ ……①

$x \to 0$ で $e^x \to 1$ だから $h \to 0$

①の両辺の自然対数をとると

$x=\log_e(1+h)$

$$\lim_{x \to 0}\dfrac{e^x-1}{x}=\lim_{h \to 0}\dfrac{h}{\log_e(1+h)}=\lim_{h \to 0}\dfrac{1}{\dfrac{1}{h}\cdot\log_e(1+h)}$$

$$=\lim_{h \to 0}\dfrac{1}{\log_e(1+h)^{\frac{1}{h}}}=\dfrac{1}{\log_e e}=1$$

←微分係数を使った別解
$f(x)=e^x$ とすると
$$f'(0)=\lim_{x \to 0}\dfrac{e^x-e^0}{x-0}$$
$$=\lim_{x \to 0}\dfrac{e^x-1}{x}$$
$f'(x)=e^x$ だから
$f'(0)=e^0=1$ より
$$\lim_{x \to 0}\dfrac{e^x-1}{x}=1$$

アドバイス ....

・自然対数の底である e は $\lim_{h \to 0}(1+h)^{\frac{1}{h}}$ の極限値である。この極限に関して

　(1)は $\lim_{h \to 0}(1+h)^{\frac{1}{h}}=e$ を利用するための代表的な変形である。

・$\lim_{x \to \infty}\left(1+\dfrac{1}{x}\right)^x$ は $\dfrac{1}{x}=h$ とおいて $\lim_{x \to \infty}\left(1+\dfrac{1}{x}\right)^x=\lim_{h \to 0}(1+h)^{\frac{1}{h}}=e$ が導ける。

・(2)は別解のように微分係数の定義を使ったほうが簡単であるが，
　$e^x-1=h(e^x=h+1)$ とおき，両辺の自然対数をとって求めることもできる。

e に関する極限値 $\Longrightarrow$ $\lim_{h \to 0}(1+h)^{\frac{1}{h}}=e,$ $\lim_{\bullet \to 0}(1+\bullet)^{\frac{1}{\bullet}}=e$

同じ形

■**練習18** 次の極限値を求めよ。

(1) $\displaystyle\lim_{h \to 0}(1-2h)^{\frac{1}{h}}$　　〈防衛大〉　(2) $\displaystyle\lim_{x \to \infty}x\{\log(x+2)-\log x\}$ 〈防衛医大〉

(3) $\displaystyle\lim_{x \to 0}\dfrac{\log(1+\sin x)}{x}$　〈甲南大〉　(4) $\displaystyle\lim_{x \to 0}\dfrac{a^x-1}{x}$ $(a>1$ の定数)〈立命館大〉

19 関数 $f(x)$ の連続

次の関数が x のすべての値に対して連続となるように定数 a, b の値を定めよ。また,そのときの $y=f(x)$ のグラフをかけ。

$$f(x)=\lim_{n\to\infty}\frac{x^{2n-1}+ax^2+bx}{x^{2n}+1}$$

〈静岡県立大〉

解

(i) $|x|<1$ のとき, $f(x)=ax^2+bx$

(ii) $|x|>1$ のとき

$$f(x)=\lim_{n\to\infty}\frac{\dfrac{1}{x}+\dfrac{a}{x^{2n-2}}+\dfrac{b}{x^{2n-1}}}{1+\dfrac{1}{x^{2n}}}=\frac{1}{x}$$

(iii) $x=1$ のとき, $f(1)=\dfrac{1+a+b}{2}$

(iv) $x=-1$ のとき, $f(-1)=\dfrac{-1+a-b}{2}$

$x=\pm1$ で連続であるためには

$$\lim_{x\to1+0}f(x)=\lim_{x\to1-0}f(x)=f(1) \text{ より}$$

$$1=a+b=\frac{1+a+b}{2} \quad\cdots\cdots①$$

$$\lim_{x\to-1-0}f(x)=\lim_{x\to-1+0}f(x)=f(-1) \text{ より}$$

$$-1=a-b=\frac{-1+a-b}{2} \quad\cdots\cdots②$$

①,②を解いて

$a=0$, $b=1$,このとき, $f(x)=\begin{cases} x & (|x|\leqq1) \\ \dfrac{1}{x} & (|x|>1) \end{cases}$ （グラフは上図）

← $|x|<1$ のとき, $\lim_{n\to\infty}x^n=0$

✎ $|x|>1$ のとき, $\lim_{n\to\infty}|x|^n=\infty$
だから,分母,分子を x^{2n} で割った。

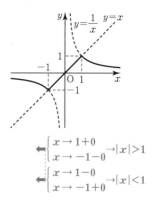

← $\begin{cases} x\to1+0 \\ x\to-1-0 \end{cases}\to|x|>1$

← $\begin{cases} x\to1-0 \\ x\to-1+0 \end{cases}\to|x|<1$

アドバイス •

・関数 $f(x)$ が $x=a$ で連続となるためには, $\lim_{x\to a}f(x)=f(a)$ が成り立てばよい。
ただし, $\lim_{x\to a}f(x)$ が存在するとは, $\lim_{x\to a+0}f(x)=\lim_{x\to a-0}f(x)=\alpha$（一定）ということ
であるから,右からの極限と左からの極限を考えなければならない。

これで 解決!

| 関数の連続 | ➡ | 関数 $f(x)$ が
$x=a$ で連続 | ➡ | $\lim_{x\to a}f(x)=f(a)$ が成り立つ |

練習 19 $f(x)=\lim_{n\to\infty}\dfrac{x^{2n}-x^{2n-1}+ax^2+bx}{x^{2n}+1}$ とする。

(1) すべての x について, $f(x)$ が連続になるように, a, b の値を定めよ。

(2) (1)のとき, $y=f(x)$ のグラフをかけ。

〈はこだて未来大〉

20 右からの極限・左からの極限

$$\lim_{x\to1+0}\frac{x^2-1}{|x-1|} \quad と \quad \lim_{x\to1-0}\frac{x^2-1}{|x-1|} \quad の極限値を求めよ。$$

解

$$\lim_{x\to1+0}\frac{x^2-1}{|x-1|}=\lim_{x\to1+0}\frac{(x-1)(x+1)}{x-1}=2$$

$$\lim_{x\to1-0}\frac{x^2-1}{|x-1|}=\lim_{x\to1-0}\frac{(x-1)(x+1)}{-(x-1)}=-2$$

$\Leftarrow |x-1|=\begin{cases} x\to1+0 \text{ のとき} \\ \quad x-1 \\ x\to1-0 \text{ のとき} \\ \quad -x+1 \end{cases}$

アドバイス ･････････････････････

・極限を考える場合，同じ $x=a$ に近づくのにも，右から近づく場合と左から近づく場合では，極限が異なることがある。そのときは，右，左両方の極限を考える。

これで 解決！

右からの極限：$x\to a+0$（x が a より大きいほうから近づく）x の値は a より大

左からの極限：$x\to a-0$（x が a より小さいほうから近づく）x の値は a より小

練習20 次の極限を調べよ。

(1) $\displaystyle\lim_{x\to2+0}\frac{x-2}{|x-2|}$ 　　(2) $\displaystyle\lim_{x\to-0}\frac{1}{1+2^{\frac{1}{x}}}$ 　　(3) $\displaystyle\lim_{x\to1+0}\frac{e^x}{\log x}$

21 中間値の定理

方程式 $2^x=x^2+1$ は，$4<x<5$ において，少なくとも 1 つの解をもつことを示せ。　　〈関西学院大〉

解　$f(x)=2^x-x^2-1$ とおくと，

$f(x)$ は $4\leqq x\leqq5$ で連続である。

$f(4)=2^4-4^2-1=-1<0$, $f(5)=2^5-5^2-1=6>0$

よって，中間値の定理から，方程式 $f(x)=0$ は

$4<x<5$ の範囲に少なくとも 1 つの解をもつ。

$\Leftarrow f(x)$ が連続であることをおさえる。（連続でない関数では中間値の定理は使えない。）

アドバイス ･････････････････････

・中間値の定理は，解の存在を示すのによく使われる。$f(x)=0$ の解として考えたとき，まず，$f(x)$ が区間 $[\alpha,\ \beta]$ で連続であることを，断っておくことが大切だ。

これで 解決！

中間値の定理 $\Rightarrow$ $f(x)$ が連続であることをいい $\cdots\!\!\to$ "$f(\alpha)$ と $f(\beta)$ が異符号"を示す

練習21 $f(x)=x\sin x-\cos^2 x$ とする。方程式 $f(x)=0$ は $\dfrac{\pi}{6}<x<\dfrac{\pi}{4}$ の範囲に解をもつことを示せ。　　〈東京女子大〉

22 微分係数と極限値

関数 $f(x)$ が $x=a$ で微分可能であるとき，次の極限値を $f(a)$，$f'(a)$ で表せ。

(1) $\displaystyle\lim_{h\to0}\frac{f(a+3h)-f(a-h)}{h}$ (2) $\displaystyle\lim_{x\to a}\frac{x^2f(x)-a^2f(a)}{x-a}$

解

(1) $\displaystyle\lim_{h\to0}\frac{f(a+3h)-f(a-h)}{h}$

$$=\lim_{h\to0}\frac{f(a+3h)-f(a)-f(a-h)+f(a)}{h}$$

合わせる

$\leftarrow f'(a)=\displaystyle\lim_{\bullet\to0}\frac{f(a+\bullet)-f(a)}{\bullet}$

$$=\lim_{h\to0}\left\{3\cdot\frac{f(a+3h)-f(a)}{3h}+\frac{f(a-h)-f(a)}{-h}\right\}$$

● が同じ形になるように変形

$$=3f'(a)+f'(a)=\boldsymbol{4f'(a)}$$

(2) $\displaystyle\lim_{x\to a}\frac{x^2f(x)-a^2f(a)}{x-a}$

$$=\lim_{x\to a}\frac{\{x^2f(x)-x^2f(a)\}+\{x^2f(a)-a^2f(a)\}}{x-a}$$

合わせる

$\leftarrow f'(a)=\displaystyle\lim_{x\to a}\frac{f(x)-f(a)}{x-a}$
の形になるように変形

$$=\lim_{x\to a}\frac{x^2\{f(x)-f(a)\}+f(a)(x^2-a^2)}{x-a}$$

$$=\lim_{x\to a}\left\{x^2\cdot\frac{f(x)-f(a)}{x-a}+\frac{f(a)(x-a)(x+a)}{x-a}\right\}$$

$$=\boldsymbol{a^2f'(a)+2af(a)}$$

アドバイス ・・・

・微分係数の定義に帰着させる極限値の計算問題では，例題のように，強引に定義式の形に変形することだ。そうすれば，自然に次の式が見えてくる。

これで 解決！

微分係数 ➡ $f'(a)=\displaystyle\lim_{h\to0}\frac{f(a+h)-f(a)}{h}=\lim_{x\to a}\frac{f(x)-f(a)}{x-a}$
の定義式

$a+h=x$ とおく
同じ
$h=x-a$
$h\to0$ で $x\to a$

練習22 (1) $f(x)=x^4-2x^3+1$ のとき，$\displaystyle\lim_{x\to2}\frac{f(x)-f(2)}{x-2}=\boxed{}$ である。 〈立教大〉

(2) $\displaystyle\lim_{h\to0}\frac{f(x+5h)-f(x-3h)}{h}=\boxed{}f'(x)$ である。 〈星薬大〉

23 微分可能と連続性

関数 $f(x)=\begin{cases} ax^2+bx & (x \geqq 1) \\ x^3-ax & (x<1) \end{cases}$ について，$f(x)$ が $x=1$ で微分可能となるように a，b の値を定めよ。 〈芝浦工大〉

解 $x=1$ で連続でなければならないから

◀ 微分可能 ⇄ 連続

$\lim_{x \to 1} f(x)=f(1)$ である。

$f(1)=a+b$，$\lim_{x \to 1-0}(x^3-ax)=1-a$ より

◀ $x \to 1-0$ のときは $f(x)=x^3-ax$ を使う。

$1-a=a+b$ ......①

また，$x=1$ の右からの微分係数は

$\lim_{h \to +0} \dfrac{f(1+h)-f(1)}{h}=\lim_{h \to +0} \dfrac{h(2a+b+ah)}{h}$

◀ 右からの微分係数は $f(x)=ax^2+bx$ を使う。

$=2a+b$

$x=1$ の左からの微分係数は

$\lim_{h \to -0} \dfrac{f(1+h)-f(1)}{h}=\lim_{h \to -0} \dfrac{h(3-a+3h+h^2)}{h}$

◀ 左からの微分係数は $f(x)=x^3-ax$ を使う。

$=3-a$

$f'(1)$ が存在するためには $2a+b=3-a$ ......②

◀ 右からと左からの微分係数を一致させる。

①，②を解いて，$a=2$，$b=-3$

アドバイス

・関数 $f(x)$ が $x=a$ で微分可能であるためには，次の条件が満たされればよい。

$f(x)$ が $x=a$ で連続である。すなわち $\lim_{x \to a} f(x)=f(a)$ が成り立つ。

右から $(h \to +0)$ と左から $(h \to -0)$ の微分係数が等しい。

・なお，連続であっても微分可能であるとは限らない。

たとえば，関数 $f(x)=|x|$ は $x=0$ で連続であるが

右からの微分係数は $\lim_{h \to +0} \dfrac{f(0+h)-f(0)}{h}=\lim_{h \to +0} \dfrac{h}{h}=1$

左からの微分係数は $\lim_{h \to -0} \dfrac{f(0+h)-f(0)}{h}=\lim_{h \to -0} \dfrac{-h}{h}=-1$

となり，$x=0$ における微分係数が一致しないから微分可能でない。

これで 解決！

$f(x)$ が $x=a$ で微分可能 ⇒ $\begin{cases} x=a \text{ で連続} \\ \text{右からと左からの微分係数が一致} \end{cases}$

練習23 $x \leqq 1$ のとき $f(x)=x^2+1$，$x>1$ のとき $f(x)=\dfrac{ax+b}{x+1}$ とする。$f(x)$ が $x=1$ において微分可能となるように a，b の値を定めよ。 〈防衛大〉

24 積，商の微分法

次の関数を微分せよ。

(1) $y=(3x-1)(x^2+x+1)$ (2) $y=\dfrac{x^3}{2x-3}$ 〈静岡理工科大〉

解 (1) $y'=(3x-1)'(x^2+x+1)+(3x-1)(x^2+x+1)'$ ← $y=uv$ のとき
$=3(x^2+x+1)+(3x-1)(2x+1)$ $y'=u'v+uv'$

よって，$y'=9x^2+4x+2$

(2) $y'=\dfrac{(x^3)'(2x-3)-x^3(2x-3)'}{(2x-3)^2}$ ← $y=\dfrac{v}{u}$ のとき

$=\dfrac{3x^2(2x-3)-x^3\cdot 2}{(2x-3)^2}$ $y'=\dfrac{v'u-vu'}{u^2}$

$=\dfrac{x^2(4x-9)}{(2x-3)^2}$

アドバイス ••

・積，商の微分法は，これからの微分の計算の基礎をなすものなので，しっかり覚えておかなければならない。

u，v，w を x の関数とするとき，

$y=uvw$ の微分は $y'=u'vw+uv'w+uvw'$

・また，分数関数 $y=\dfrac{v}{u}$ は「合成関数の微分法」（**25**）を使って，次のように微分できる。

$y'=\left(\dfrac{v}{u}\right)'=(vu^{-1})'=v'u^{-1}+v(u^{-1})'=v'u^{-1}+v(-u^{-2})u'$

$=\dfrac{v'u-vu'}{u^2}$

これで 解決！

積の微分法：$y=f(x)g(x)$ ➡ $y'=f'(x)g(x)+f(x)g'(x)$

商の微分法：$y=\dfrac{f(x)}{g(x)}$ ➡ $y'=\dfrac{f'(x)g(x)-f(x)g'(x)}{\{g(x)\}^2}$

練習24 次の関数を微分せよ。

(1) $y=(x+1)(x^2-3x)$ (2) $y=(x^3+2x-1)(1-x^2)$

(3) $y=\dfrac{x+1}{x-1}$ 〈鳥取大〉 (4) $y=\dfrac{x^3}{x^2-1}$ 〈大阪工大〉

25　合成関数の微分法

次の関数を微分せよ。

(1)　$y=\sqrt{x^3+1}$　　〈東京都市大〉　(2)　$y=\left(\dfrac{x}{x^2+1}\right)^2$

解　(1)　$y=(x^3+1)^{\frac{1}{2}}$ として

$$y'=\frac{1}{2}(x^3+1)^{-\frac{1}{2}}\cdot(x^3+1)'$$

$$=\frac{1}{2\sqrt{x^3+1}}\cdot 3x^2$$

$$=\frac{3x^2}{2\sqrt{x^3+1}}$$

←$y=(g(x))^{\frac{1}{2}}$　$g(x)=x^3+1$
の形で表される。

←$y=(g(x))^n$ の微分は
$$y'=n(g(x))^{n-1}\cdot g'(x)$$
$\underset{\text{全体の微分}}{\underbrace{\phantom{y'=n(g(x))^{n-1}}}}\ \underset{\text{中の微分}}{\underbrace{}}$

(2)　$y'=2\left(\dfrac{x}{x^2+1}\right)\cdot\left(\dfrac{x}{x^2+1}\right)'$

$$=\frac{2x}{x^2+1}\cdot\frac{1\cdot(x^2+1)-x\cdot 2x}{(x^2+1)^2}$$

$$=\frac{2x(1+x)(1-x)}{(x^2+1)^3}$$

←$y=\dfrac{v}{u}$ の微分は

$$y'=\frac{v'u-vu'}{u^2}$$

アドバイス

・(1)の $y=\sqrt{x^3+1}$ は $u=x^3+1$ とおけばy
は u の関数，u は x の関数になり，このよう
な形を合成関数という。この関係を図式化
すると，右図のようになり，$\varDelta x$ の変化にと
もない $\varDelta u$ が，それから $\varDelta y$ が変化する。

$$\lim_{\varDelta x\to 0}\frac{\varDelta y}{\varDelta x}=\lim_{\varDelta x\to 0}\frac{\varDelta y}{\varDelta u}\cdot\frac{\varDelta u}{\varDelta x}=\lim_{\varDelta u\to 0}\frac{\varDelta y}{\varDelta u}\cdot\lim_{\varDelta x\to 0}\frac{\varDelta u}{\varDelta x}$$

$$\frac{dy}{dx}=\frac{dy}{du}\cdot\frac{du}{dx}$$

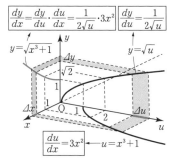

これで 解決!

| 合成関数の微分法 $y=f(u),\ u=g(x)$ | $\Rightarrow$ | $\dfrac{dy}{dx}=\dfrac{dy}{du}\cdot\dfrac{du}{dx}$ | $\Rightarrow$ | $y=(g(x))^n$ $y'=n(g(x))^{n-1}\cdot g'(x)$ 全体の微分　中の微分 |

練習25　次の関数を微分せよ。

(1)　$y=\sqrt[3]{1-2x}$　　〈広島県立大〉　(2)　$y=x^3\sqrt{1+x^2}$　　　　　〈信州大〉

(3)　$y=\dfrac{x}{\sqrt{x^2+1}}$　　〈東京農工大〉　(4)　$y=\sqrt{\dfrac{2-x}{x+2}}$　　　　　〈広島市立大〉

26 合成関数の微分法の利用

次の方程式，関数の導関数を x, y で表せ。

(1) $x^2 - xy + y^2 = 1$ (2) $y = \sqrt[3]{x+1}$

解 (1) $x^2 - xy + y^2 = 1$ の両辺を x で微分すると

$$2x - \left(y + x\frac{dy}{dx}\right) + 2y\frac{dy}{dx} = 0$$

$$(x - 2y)\frac{dy}{dx} = 2x - y \quad \text{よって，} \quad \boldsymbol{\frac{dy}{dx} = \frac{2x-y}{x-2y}}$$

← y^2 を x で微分する場合，y は x の関数なので，合成関数の微分になる。

(2) $y = \sqrt[3]{x+1}$ の両辺を 3 乗すると

$$y^3 = x + 1$$

この両辺を x で微分すると

$$3y^2\frac{dy}{dx} = 1 \quad \text{よって，} \quad \boldsymbol{\frac{dy}{dx} = \frac{1}{3y^2}}$$

とくに指定されていなければ，$\dfrac{dy}{dx}$ に y を含んでいてもよい。

別解 $y = (x+1)^{\frac{1}{3}}$ より

$$y' = \frac{1}{3}(x+1)^{-\frac{2}{3}} = \frac{1}{3\sqrt[3]{(x+1)^2}}$$

これは，(2)の答で $y^2 = \sqrt[3]{(x+1)^2}$ に置き換えたものと同じである。

アドバイス ••

- (1)のように，$f(x, y) = 0$ の形で表された関数を陰関数という。これに対して，これまでのように $y = f(x)$ の形で表された関数を陽関数という。
- 陰関数は $y = f(x)$ の形に直さないで，そのまま微分するのがよい。このとき，y は x の関数だから，合成関数の微分法になる。
- (2)のように，n 乗根で表された関数は，両辺を n 乗して，累乗を整数にして，(1)と同様に行うことができる。

これで 解決!

$\begin{matrix} f(x, y) = 0 \\ x = f(y) \end{matrix}$ の導関数 $\dfrac{dy}{dx}$ は ⟹ 合成関数の微分法で $\dfrac{d}{dx}f(y) = f'(y)\dfrac{dy}{dx}$

■練習26 (1) 方程式 $3xy - 2x + 5y = 0$ で定められる x の関数 y について，$\dfrac{dy}{dx} = \dfrac{2-3y}{3x+5}$ となることを示せ。 〈甲南大〉

(2) x についての微分可能な関数 y が条件 $x\tan y = 1$ を満たしているとき，$\dfrac{dy}{dx}$ を x で表せ。 〈広島市立大〉

27　三角関数の微分法

次の関数を微分せよ。

(1)　$y = \sin^2 3x$　　〈愛媛大〉　(2)　$y = \dfrac{\cos x}{1 - \sin x}$　　〈埼玉大〉

解　(1)　$y' = 2\sin 3x(\sin 3x)'$

$\qquad\quad = 2\sin 3x \cos 3x(3x)'$

$\qquad\quad = 6\sin 3x \cos 3x = \boldsymbol{3\sin 6x}$

←合成関数の微分法は
（全体の微分から中の微
分へ）

(2)　$y' = \dfrac{(\cos x)'(1 - \sin x) - \cos x(1 - \sin x)'}{(1 - \sin x)^2}$

$\qquad = \dfrac{-\sin x(1 - \sin x) - \cos x(-\cos x)}{(1 - \sin x)^2}$

$\qquad = \dfrac{-\sin x + \sin^2 x + \cos^2 x}{(1 - \sin x)^2}$

←$\sin^2 x + \cos^2 x = 1$

$\qquad = \dfrac{1 - \sin x}{(1 - \sin x)^2} = \boldsymbol{\dfrac{1}{1 - \sin x}}$

アドバイス ··

・三角関数の微分は，微分した後の三角関数の計算に泣かされる。次に示す微分の公
式で微分はできても答の形にたどり着けないこともよく見かける。数Ⅰ，Ⅱで学ん
だ次の公式を自由自在に駆使できるようにしておこう。

────三角関数の相互関係────
$$\sin^2 x + \cos^2 x = 1, \quad \tan x = \frac{\sin x}{\cos x}, \quad 1 + \tan^2 x = \frac{1}{\cos^2 x}$$

────2倍角の公式────
$$\cos 2x = \cos^2 x - \sin^2 x \qquad \sin 2x = 2\sin x \cos x$$
$$= 2\cos^2 x - 1 \qquad \tan 2x = \frac{2\tan x}{1 - \tan^2 x}$$
$$= 1 - 2\sin^2 x$$

────半角の公式────
$$\cos^2 \frac{\theta}{2} = \frac{1 + \cos \theta}{2}$$
$$\sin^2 \frac{\theta}{2} = \frac{1 - \cos \theta}{2}$$

これで　解決 !

三角関数の微分　➡
$$y = \sin x \dashrightarrow y' = \cos x$$
$$y = \cos x \dashrightarrow y' = -\sin x$$
$$y = \tan x \dashrightarrow y' = \frac{1}{\cos^2 x}$$

■**練習27**　(1)　次の関数を微分せよ。

①　$y = \sin x^2 - (\sin x)^2$〈東京都市大〉　②　$y = \sin(\cos x)$　　〈宮崎大〉

③　$y = \sin ax \cos ax$　　〈富山大〉　④　$y = \dfrac{3\sin x + \cos x}{\sin x + 3\cos x}$　〈滋賀県立大〉

(2)　商の微分法 $\left(\dfrac{f}{g}\right)' = \dfrac{f'g - fg'}{g^2}$ を利用して $\tan x = \dfrac{\sin x}{\cos x}$ の導関数を求め，$\tan x$

で表せ。　　〈茨城大〉

28 指数・対数関数の微分法

次の関数を微分せよ。

(1) $y=x^2\log x$　　(2) $y=e^{x^2+1}$〈東京農工大〉　　(3) $y=x^x$ $(x>0)$

解

(1) $y'=(x^2)'\log x+x^2(\log x)'$　　　　　　　　$\leftarrow(\log x)'=\dfrac{1}{x}$

$=2x\log x+x^2\cdot\dfrac{1}{x}$

$=x(2\log x+1)$

(2) $y'=e^{x^2+1}\cdot(x^2+1)'$　　　　　　　　$\leftarrow(e^{f(x)})'=e^{f(x)}\cdot f'(x)$

$=2xe^{x^2+1}$

(3) 両辺の自然対数をとると　　　　　　　$\leftarrow y=f(x)$ の両辺の対数

$\log y=\log x^x=x\log x$　　　　　　　をとって，微分する方法
を対数微分法という。

両辺を x で微分して

$\dfrac{y'}{y}=x'\log x+x(\log x)'=\log x+x\cdot\dfrac{1}{x}$

┌───これは誤り───┐
x で微分するとき
$(\log y)'=\dfrac{1}{y}$ は誤り
└──────────┘

$y'=y(\log x+1)$

よって，$y'=x^x(\log x+1)$　　　　　　$\leftarrow y=x^x$ を代入した。

アドバイス ••

・(3)のように $y=f(x)$ の両辺の自然対数をとって微分するとき，$(\log y)'=\dfrac{1}{y}$ と誤らないこと。y は x の関数だから $\dfrac{d}{dx}\log y=\left(\dfrac{d}{dy}\log y\right)\dfrac{dy}{dx}=\dfrac{1}{y}\cdot\dfrac{dy}{dx}=\dfrac{y'}{y}$

すなわち $(\log y)'=\dfrac{y'}{y}$ である。なお，指数・対数関数の微分は，次の公式で行う。

これで 解決!

指数・対数
関数の微分
$\Rightarrow$
$y=\log|f(x)|$ ····微分···> $y'=\dfrac{f'(x)}{f(x)}$

$y=e^{f(x)}$ ····微分···> $y'=e^{f(x)}\cdot f'(x)$

底が e でない指数・対数の微分はすべて e を
底とする自然対数に変換して計算する。

とくに，$(a^x)'=a^x\log a$, $(\log_a x)'=\dfrac{1}{x\log a}$

┌───底の変換公式───┐
$\log_a b=\dfrac{\log_e b}{\log_e a}$

e は省略することが多い。
└──────────────┘

練習28 次の関数を微分せよ。

(1) $y=\sqrt{x}\log x$　　　　　〈会津大〉　(2) $y=\log_2 x$

(3) $y=7^x$　　　　　〈東京電機大〉　(4) $y=xe^{\frac{1}{x}}$　　　　　　〈明治大〉

(5) $y=\log(\log x)$　　　〈大阪工大〉　(6) $y=x^{\sin x}$ $(x>0)$　　〈東京理科大〉

29 高次導関数と数学的帰納法

関数 $y=xe^x$ について，次の問いに答えよ。（ただし，n は自然数）

(1) y', y'' を求めよ。

(2) $y^{(n)}=ne^x+xe^x$ であることを数学的帰納法で証明せよ。

解

(1) $y'=(xe^x)'=e^x+xe^x$

$y''=(e^x+xe^x)'=(e^x)'+(xe^x)'$

$\quad =e^x+(e^x+xe^x)=2e^x+xe^x$

> ┌ 積の微分法 ─
> $y=uv$
> $y'=u'v+uv'$

(2) 〔Ⅰ〕 $n=1$ のとき

$y'=1\cdot e^x+xe^x$ で成り立つ。

〔Ⅱ〕 $n=k$ のとき

$y^{(k)}=ke^x+xe^x$ が成り立つとすると

$n=k+1$ のとき

$\quad y^{(k+1)}=(y^{(k)})'=(ke^x+xe^x)'$

$\qquad =(ke^x)'+(xe^x)'$

$\qquad =ke^x+e^x+xe^x$

$\qquad =(k+1)e^x+xe^x$

← 数学的帰納法は
〔Ⅰ〕 $n=1$ のとき成り立つことを示し
〔Ⅱ〕 $n=k$ のときの式を使い $n=k+1$ で成り立つことを示す。

← $n=k$ のときの式
$y^{(k)}=ke^x+xe^x$
を使って，$y^{(k+1)}$ を求める。

となり，$n=k+1$ のときにも成り立つ。

〔Ⅰ〕，〔Ⅱ〕により $y^{(n)}=ne^x+xe^x$ はすべての自然数 n で成り立つ。

アドバイス

- 導関数 $f'(x)$ を，もう一度微分して得られる関数を第 2 次導関数といい $f''(x)$ で表す。一般に，関数 $y=f(x)$ を n 回微分して得られる関数を $f(x)$ の第 n 次導関数といい，次の記号で表す。

$$y^{(n)},\ f^{(n)}(x),\ \frac{d^n y}{dx^n},\ \frac{d^n}{dx^n}f(x)\quad（記号に惑わされないように）$$

- 第 n 次導関数は，ときどき数学的帰納法での証明に関連して登場するので注意しておこう。

これで 解決!

高次導関数 ➡ $y'=f'(x)$ ······微分······▶ $y''=f''(x)$ ······微分······▶ $y'''=f'''(x)$

第 n 次導関数 ············▶ 帰納法の題材にされる

■ 練習29 すべての自然数 n で，次の等式が成り立つことを数学的帰納法で証明せよ。

(1) $\dfrac{d^n}{dx^n}\log x=(-1)^{n-1}\dfrac{(n-1)!}{x^n}$

(2) $\dfrac{d^n}{dx^n}\sin x=\sin\left(x+\dfrac{n\pi}{2}\right)$

30 いろいろな曲線の接線

（1） 曲線 $y=xe^x$ 上の点 $(1,\ e)$ における接線の方程式を求めよ。

（2） 原点を通り，曲線 $C:y=\log 3x$ に接する直線の方程式を求めよ。

〈福岡大〉

解

（1） $y'=(1+x)e^x$

$x=1$ のとき，$y'=2e$ だから，接線の方程式は

$y-e=2e(x-1)$

よって，$y=2ex-e$

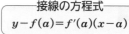
接線の方程式
$$y-f(a)=f'(a)(x-a)$$

（2） 接点を $(t,\ \log 3t)$ とおく。

$y'=\dfrac{(3x)'}{3x}=\dfrac{1}{x}$，$x=t$ を代入して $y'=\dfrac{1}{t}$

$x=t$ における接線の方程式は

$y-\log 3t=\dfrac{1}{t}(x-t)$

これが点 $(0,\ 0)$ を通るから

$\log 3t=1$ より $t=\dfrac{e}{3}$

よって，$y=\dfrac{3}{e}x$

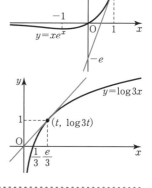

アドバイス ・・

▼接線の求め方◢

・接点 $(a,\ f(a))$ がわかっているとき ·····→ $f'(x)$ を求め，傾き $f'(a)$ を求める。

・傾き m がわかっているとき ·····→ $f'(x)=m$ とおいて，接点を求める。

・曲線外の点を通るとき
（接点も傾きもわかっていない） ·····→ 接点を $(t,\ f(t))$ とおいて，まず接線の方程式を求め，それから通る点を代入する。

これで 解決 !

曲線 $y=f(x)$ の
接線の方程式 ➡
・曲線上の点 $(a,\ f(a))$ が接点
$$y-f(a)=f'(a)(x-a)$$
・曲線外の点を通る
まず接点を $(t,\ f(t))$ とおく

■練習30 （1） 曲線 $\sqrt{x}+\sqrt{y}=3$ 上の点 $(1,\ 4)$ における接線の方程式を求めよ。

〈広島市立大〉

（2） 曲線 $y=\dfrac{\log x}{x}$ $(x>0)$ に接し，原点を通る直線の方程式を求めよ。

〈日本女子大〉

31　2曲線の接する条件 (共通接線)

放物線 $y=ax^2$ ……① と曲線 $y=\log x$ ……② が接するように，a の値を定めよ。また，接点と共通接線の方程式を求めよ。

〈東京海洋大〉

解　$f(x)=ax^2$，$g(x)=\log x$ とおく。

①，②が $x=t$ で接するためには

$f'(x)=2ax$，$g'(x)=\dfrac{1}{x}$ だから

$f'(t)=g'(t)$　より　$2at=\dfrac{1}{t}$ ……③

$f(t)=g(t)$　より　$at^2=\log t$ ……④

③から　$2at^2=1$，これを④に代入して

$\dfrac{1}{2}=\log t$　よって，$t=e^{\frac{1}{2}}=\sqrt{e}$

ゆえに，$\boldsymbol{a=\dfrac{1}{2e}}$，接点は $\left(\sqrt{e}，\dfrac{1}{2}\right)$

接線の方程式は $y-\dfrac{1}{2}=\dfrac{1}{\sqrt{e}}(x-\sqrt{e})$　より　$\boldsymbol{y=\dfrac{1}{\sqrt{e}}x-\dfrac{1}{2}}$

（右図：$y=ax^2$，$y=\dfrac{1}{\sqrt{e}}x-\dfrac{1}{2}$，$y=\log x$，$(t,\ at^2)$，$(t,\ \log t)$）

アドバイス

・2曲線 $y=f(x)$ と $y=g(x)$ が $x=t$ で接するとは，$x=t$ で共通接線が引けることである。

・傾きが等しいことから $f'(t)=g'(t)$，同じ点を通るから $f(t)=g(t)$ がいえる。

これで 解決!

2曲線 $y=f(x)$，$y=g(x)$ が $x=t$ で接するとき　$\Longrightarrow$　$\underset{\text{傾きが等しい}}{f'(t)=g'(t)}$，$\underset{\text{同じ点を通る}}{f(t)=g(t)}$

なお，右図のように，接点が異なる共通接線は

$y-f(\alpha)=f'(\alpha)(x-\alpha) \Longleftrightarrow y-g(\beta)=g'(\beta)(x-\beta)$

$y=f'(\alpha)x-\alpha f'(\alpha)+f(\alpha) \Longleftrightarrow y=g'(\beta)x-\beta g'(\beta)+g(\beta)$

（等しい）
（等しい）

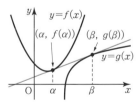

すなわち，傾きと切片を等しくおいて求める。

練習31　2つの曲線 $C_1:y=2\cos x$，$C_2:y=k-\sin 2x$ が $0\leqq x\leqq\dfrac{\pi}{2}$ の範囲で共有点 P をもち，その点で共通の接線をもつとする。このとき，次の問いに答えよ。ただし，k は定数とする。

(1) 共有点 P の x 座標を求めよ。　　(2) 定数 k の値を求めよ。　〈北見工大〉

34

32 媒介変数の微分法と接線の方程式

曲線 $x=\theta-\sin\theta$, $y=1-\cos\theta$ の $\theta=\dfrac{\pi}{2}$ に対応する点における

接線の方程式を求めよ。 〈鹿児島大〉

解 $\dfrac{dx}{d\theta}=1-\cos\theta$, $\dfrac{dy}{d\theta}=\sin\theta$

よって, $\dfrac{dy}{dx}=\dfrac{\dfrac{dy}{d\theta}}{\dfrac{dx}{d\theta}}=\dfrac{\sin\theta}{1-\cos\theta}$

$\theta=\dfrac{\pi}{2}$ のとき, $x=\dfrac{\pi}{2}-1$, $y=1$

また, $\dfrac{dy}{dx}=\dfrac{\sin\dfrac{\pi}{2}}{1-\cos\dfrac{\pi}{2}}=1$

よって, $y-1=1\cdot\left(x-\dfrac{\pi}{2}+1\right)$ より

$y=x+2-\dfrac{\pi}{2}$

グラフは下図のようになり,
これをサイクロイドという。

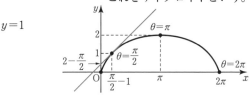

←傾き m, 点 (x_0, y_0) を通る直線
$y-y_0=m(x-x_0)$

アドバイス ・・

・$x=f(t)$, $y=g(t)$ の媒介変数で表された関数の導関数は $\dfrac{dy}{dx}=\dfrac{g'(t)}{f'(t)}$ である。

・$t=a$ に対応する点における接点と傾きは, 次の式で求める。

接点：$x=f(a)$, $y=g(a)$, 傾き：$\dfrac{g'(a)}{f'(a)}$

これで 解決!

媒介変数
$x=f(t)$, $y=g(t)$
で表された関数

・導関数：$\dfrac{dy}{dx}=\dfrac{\dfrac{dy}{dt}}{\dfrac{dx}{dt}}=\dfrac{g'(t)}{f'(t)}$

・$t=a$ における接線の方程式
$y-g(a)=\dfrac{g'(a)}{f'(a)}(x-f(a))$

練習32 次の関数について, $\dfrac{dy}{dx}$ を t で表せ（t は媒介変数）。また, （ ）内の値に対応する点における接線の方程式を求めよ。

(1) $\begin{cases} x=t^2+t-1 \\ y=t^2-t-1 \end{cases}$ $(t=1)$ 〈福岡大〉 (2) $\begin{cases} x=\cos^3 t \\ y=\sin^3 t \end{cases}$ $\left(t=\dfrac{\pi}{3}\right)$ 〈東北学院大〉

33 関数の増減と極値，変曲点

> 関数 $f(x)=x^3+3x^2+5$ の増減と凹凸を調べて増減表をかき，極大値，極小値，変曲点を求めよ。　　　　　　　　　　　　　〈防衛大〉

解

$f(x)=x^3+3x^2+5$ の $f'(x)$, $f''(x)$ を求める。

$f'(x)=3x^2+6x=3x(x+2)$

$f''(x)=6x+6=6(x+1)$

よって，増減表は次のようになる。

x	$\cdots$	-2	$\cdots$	-1	$\cdots$	0	$\cdots$
$f'(x)$	$+$	0	$-$	$-$	$-$	0	$+$
$f''(x)$	$-$	$-$	$-$	0	$+$	$+$	$+$
$f(x)$	$\nearrow$	9	$\searrow$	7	$\searrow$	5	$\nearrow$

（極大値）　（変曲点）　（極小値）

$f(-2)=9$, $f(-1)=7$, $f(0)=5$

上の増減表より

極大値 9 $(x=-2)$，極小値 5 $(x=0)$

変曲点 $(-1, 7)$

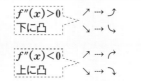

─増減表をかく順序─

・$f'(x)=0$, $f''(x)=0$ となる x の値を小さい順に並べる。

・$f'(x)$ の符号を調べ $\nearrow$ $\searrow$ をかく。

　　$f'(x)>0$ …増加 $\nearrow$

　　$f'(x)<0$ …減少 $\searrow$

・$f''(x)$ の符号を調べ凹凸を考える。

　$f''(x)>0$　$\nearrow\to\nearrow$
　下に凸　　　$\searrow\to\searrow$

　$f''(x)<0$　$\nearrow\to\nearrow$
　上に凸　　　$\searrow\to\searrow$

アドバイス

▶$f''(x)$ と曲線の凹凸，変曲点◀

・関数 $f(x)$ の極値や変曲点を調べるには，増減表をかくことになる。このとき，$f'(x)$, $f''(x)$ の符号の変わり目が point になる。

・$f'(x)=0$ となる x の値と前後の符号から極値が求められる。

・$f''(x)>0$ のとき，$f'(x)$ は増加するから $y=f(x)$ の接線の傾きは大きくなっていく。
　　したがって，$f''(x)>0$ となる x の範囲で $y=f(x)$ のグラフは下に凸になる。

・変曲点は $f''(x)=0$ となる点で凹凸の変わり目となる点である。

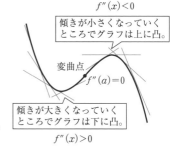

$f''(x)<0$

傾きが小さくなっていくところでグラフは上に凸。

変曲点　$f''(a)=0$

傾きが大きくなっていくところでグラフは下に凸。

$f''(x)>0$

これで 解決！

関数の増減	$\Rightarrow$	極値は $f'(x)=0$	（符号の変わり目

関数の増減（極値，変曲点）　$\Rightarrow$　極値は $f'(x)=0$　変曲点は $f''(x)=0$　$\left(\begin{array}{l}\text{符号の変わり目}\\\text{となる} x \text{の値}\end{array}\right)$ を求める

練習33　次の関数の増減と凹凸を調べ，極値と変曲点を求めよ。

(1)　$y=x^4-4x^3+1$　　　　　　　(2)　$y=(x+1)e^x$　　　　　　〈南山大〉

34 いろいろな関数のグラフ(1)

関数 $y = \dfrac{x-1}{x^2}$ の増減，極値，グラフの凹凸を調べて，グラフの概

形をかけ。 〈弘前大〉

解　$y' = -\dfrac{x-2}{x^3}, \quad y'' = \dfrac{2(x-3)}{x^4}$

←y', y'' の計算は間違えやすいので，十分注意する。

$y'=0$ より $x=2$, $y''=0$ より $x=3$

←$y'=0, y''=0$ となる x の値を求める。

x	$\cdots$	0	$\cdots$	2	$\cdots$	3	$\cdots$
y'	$-$		$+$	0	$-$	$-$	$-$
y''	$-$		$-$	$-$	$-$	0	$+$
y	$\searrow$		$\nearrow$	$\dfrac{1}{4}$	$\searrow$	$\dfrac{2}{9}$	$\searrow$

(極大値) (変曲点)

$f(2) = \dfrac{1}{4}, \quad f(3) = \dfrac{2}{9}$

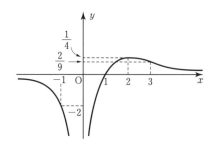

$\displaystyle \lim_{x \to \pm\infty} \dfrac{x-1}{x^2} = 0, \quad \lim_{x \to \pm 0} \dfrac{x-1}{x^2} = -\infty$

漸近線は $x=0$ と $y=0$

これよりグラフは右図のようになる。

アドバイス ••

・関数のグラフをかくには，y', y'' の計算が間違っては正しいグラフがかけないから，くれぐれも注意する。

・グラフをかくとき，一般には凹凸を調べなくてもよいが，「凹凸を調べてかけ」とあれば y'' を求めてグラフをかく。

・数Ⅲでグラフをかく場合は $\displaystyle \lim_{x \to \infty} y, \ \lim_{x \to -\infty} y$ の極限や漸近線についても考えるようにする。

・分数関数では 分母$=0$ となる x の値では定義されないから，$x=a$ で 分母$=0$ になれば直線 $x=a$ が漸近線になる。その場合は $\displaystyle \lim_{x \to a+0} y, \ \lim_{x \to a-0} y$ を調べる。

これで▶解決**!**

分数関数のグラフ ➡ $x=a$ で 分母$=0$ ならば $x=a$ が漸近線

$\displaystyle \lim_{x \to a+0} y, \ \lim_{x \to a-0} y$ は $+\infty$ か $-\infty$ のどちらか

■練習34　次の関数の増減，極値，グラフと凹凸，漸近線の有無について調べ，グラフの概形をかけ。

(1) $y = \dfrac{x^2-x+1}{x^2}$ 〈愛知教育大〉 (2) $y = \dfrac{4x}{x^2+1}$ 〈山梨大〉

35 いろいろな関数のグラフ⑵

> ⑴　$x>1$ のとき，$0<\log x<x$ を利用して，$\displaystyle\lim_{x\to\infty}\frac{\log x}{x^2}$ を求めよ。
>
> ⑵　$x>0$ のとき，関数 $y=\dfrac{\log x}{x^2}$ の増減，極値，凹凸，変曲点を調べ
>
> てグラフの概形をかけ。　　　　　　　　　　　　　　　　　　　〈鹿児島大〉

解　⑴　$0<\log x<x$ より $0<\dfrac{\log x}{x^2}<\dfrac{1}{x}$　　　　　←両辺を x^2 で割った。

$\displaystyle\lim_{x\to\infty}\frac{1}{x}=0$ だから $\displaystyle\lim_{x\to\infty}\frac{\log x}{x^2}=\mathbf{0}$　　　　←はさみうちの原理

⑵　$y'=\dfrac{1-2\log x}{x^3}$, $y''=\dfrac{6\log x-5}{x^4}$

$y'=0$ より $x=e^{\frac{1}{2}}$, $y''=0$ より $x=e^{\frac{5}{6}}$

x	0	$\cdots$	$e^{\frac{1}{2}}$	$\cdots$	$e^{\frac{5}{6}}$	$\cdots$
y'		$+$	0			$-$
y''		$-$	$-$	$-$	0	$+$
y		$\nearrow$	$\dfrac{1}{2e}$	$\searrow$	$\dfrac{5}{6}e^{-\frac{5}{3}}$	$\searrow$

（極大値）　（変曲点）

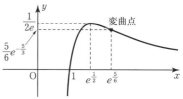

$f(e^{\frac{1}{2}})=\dfrac{1}{2e}$, $f(e^{\frac{5}{6}})=\dfrac{5}{6}e^{-\frac{5}{3}}$, $\displaystyle\lim_{x\to+0}y=-\infty$, $\displaystyle\lim_{x\to\infty}y=0$ （⑴より）

これよりグラフは上図のようになる。

アドバイス ・・・

・指数・対数関数を含んだ関数のグラフをかくには，$\displaystyle\lim_{x\to\infty}\frac{\log x}{x}=0$ や $\displaystyle\lim_{x\to\infty}\frac{x}{e^x}=0$ な

どの値が必要になることがある。たいてい問題の中に示されるが，次のロピタルの
定理（高校では扱わない）を使って，簡単に値を求めることができる。

これで　解決！

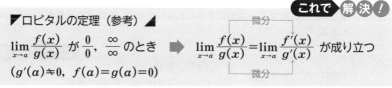

▶ロピタルの定理（参考）◀

$\displaystyle\lim_{x\to a}\frac{f(x)}{g(x)}$ が $\dfrac{0}{0}$, $\dfrac{\infty}{\infty}$ のとき ➡ $\displaystyle\lim_{x\to a}\frac{f(x)}{g(x)}=\lim_{x\to a}\frac{f'(x)}{g'(x)}$ が成り立つ

$(g'(a)\neq0,\ f(a)=g(a)=0)$

微分

微分

注　グラフをかくための極限や検算に使うのはよいが，証明問題には使わないほうが
よい。

■練習35　次の関数の増減，極値，凹凸，変曲点を調べてグラフをかけ。

⑴　$y=e^{-x^2}$　　　　　　　　〈甲南大〉　⑵　$y=\dfrac{\log x}{x}$　　　　　　　〈秋田県立大〉

36 三角関数のグラフと最大値・最小値

関数 $f(x)=2\sin x+\sin 2x$ $(0\leqq x\leqq 2\pi)$ の最大値，最小値を求めよ。また，$y=f(x)$ のグラフをかけ。 〈長岡技科大〉

解

$f'(x)=2\cos x+2\cos 2x$

$\qquad =2\cos x+2(2\cos^2 x-1)$

$\qquad =2(2\cos x-1)(\cos x+1)$

$f'(x)=0$ とすると $0\leqq x\leqq 2\pi$ より

$\qquad x=\dfrac{\pi}{3},\ \dfrac{5}{3}\pi,\ \pi$

x	0	$\cdots$	$\dfrac{\pi}{3}$	$\cdots$	π	$\cdots$	$\dfrac{5}{3}\pi$	$\cdots$	2π
$f'(x)$		$+$	0	$-$	0	$-$	0	$+$	
$f(x)$	0	↗	$\dfrac{3\sqrt{3}}{2}$	↘	0	↘	$-\dfrac{3\sqrt{3}}{2}$	↗	0

←$x=\pi$ で $f'(x)=0$ となるが，$f'(x)$ の符号の変わり目ではない。

$f\left(\dfrac{\pi}{3}\right)=\dfrac{3\sqrt{3}}{2}$, $f(\pi)=0$, $f\left(\dfrac{5}{3}\pi\right)=-\dfrac{3\sqrt{3}}{2}$

←両端の値，極値を求める。

$f(0)=0$, $f(2\pi)=0$

よって，最大値 $\dfrac{3\sqrt{3}}{2}\left(x=\dfrac{\pi}{3}\right)$

　　　　最小値 $-\dfrac{3\sqrt{3}}{2}\left(x=\dfrac{5}{3}\pi\right)$

グラフは右図のようになる。

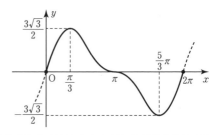

アドバイス・・

・三角関数の符号を調べるのは，$\sin x$，$\cos x$ の性質上増加と減少が繰り返されるので単純でない。$y'=0$ となる x の値を求めるにしても，y' の＋，－の符号を決めるにしても，$\sin x$，$\cos x$ の増減を念頭に入れ細心の注意をする。

・また，$y''=0$ となる x の値が求められないために，変曲点の座標がわからないこともある。

これで 解決！

三角関数のグラフ ➡ y' の符号は慎重に！
　　　　　　　　　　　 $\sin x$, $\cos x$ の増減，正負に注意

練習36 関数 $f(x)=x-\sin 2x$ の $0\leqq x\leqq\pi$ における最大値と最小値を求めよ。また，$y=f(x)$ のグラフの概形をかけ。 〈愛媛大〉

37 最大・最小の応用問題

右の図のように，半径 1 の球に外接する直円すいがある。この直円すいの体積の最小値を求めよ。

〈琉球大〉

解 直円すいの高さを x，底面の半径を r とすると

$\triangle ABE \backsim \triangle AOD$ で $AB = \sqrt{x^2 + r^2}$ だから

$$\sqrt{x^2 + r^2} : r = (x-1) : 1 \quad (x > 2)$$

$$r(x-1) = \sqrt{x^2 + r^2}$$

両辺を 2 乗して，整理すると

$$r^2(x^2 - 2x) = x^2 \quad \text{よって，} \ r^2 = \frac{x}{x-2}$$

$$V = \frac{1}{3} \cdot \pi r^2 \cdot x = \frac{\pi}{3} \cdot \frac{x}{x-2} \cdot x = \frac{\pi}{3} \cdot \frac{x^2}{x-2}$$

$$V' = \frac{\pi}{3} \cdot \left(\frac{x^3}{x-2} \right)' = \frac{\pi}{3} \cdot \frac{x(x-4)}{(x-2)^2}$$

右の増減表より最小値は　高さが 4 のとき $\dfrac{8}{3}\pi$

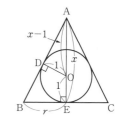

x	2	$\cdots$	4	$\cdots$
V'		$-$	0	$+$
V		$\searrow$	$\frac{8}{3}\pi$	$\nearrow$

アドバイス

・この例題は右図のように，θ を変数にとっても求められる。

$$\sin\theta = \frac{1}{x} \left(x = \frac{1}{\sin\theta} \right), \ \tan\theta = \frac{r}{x+1} \ \text{より}$$

$$r = (x+1)\tan\theta = \left(\frac{1}{\sin\theta} + 1 \right) \cdot \frac{\sin\theta}{\cos\theta} = \frac{1 + \sin\theta}{\cos\theta}$$

$$V = \frac{\pi}{3} \cdot \left(\frac{1 + \sin\theta}{\cos\theta} \right)^2 \cdot \left(\frac{1}{\sin\theta} + 1 \right) = \frac{\pi}{3} \cdot \frac{(1 + \sin\theta)^2}{(1 - \sin\theta)\sin\theta}$$

（この後，$\sin\theta = t$ とおいて，t の関数として考える。）

・このように，応用問題では変数のとり方は 1 通りでないが，大切なのは，どこが変化すると，図形の何が変わるかを考えて式を立てることだ。

これで　解決！

最大・最小の　　➡　{ どこの変化に対して，何が変わるかを考える
応用問題　　　　　 相似比，三平方の定理，三角比の考えはよく使う

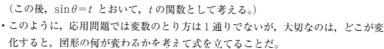

■練習37 二等辺三角形の等辺が一定であるとき，内接円の面積が最大となる場合の等辺と底辺の比を求めよ。
〈岩手大〉

38 関数のグラフと方程式の解

(1) $y=\dfrac{e^x}{x^2}$ $(x \neq 0)$ で表される曲線のグラフの概形をかけ。

(2) a を定数とするとき，方程式 $e^x=ax^2$ $(x \neq 0)$ の異なる実数解の個数を求めよ。　　　　　　　　　　　　　　　　〈関西大〉

解 (1) $y'=\dfrac{e^x(x-2)}{x^3}$

x	$\cdots$	0	$\cdots$	2	$\cdots$
y'	$+$		$-$	0	$+$
y	$\nearrow$		$\searrow$	$\dfrac{e^2}{4}$	$\nearrow$

$f(2)=\dfrac{e^2}{4}$, $\displaystyle\lim_{x\to+0}\dfrac{e^x}{x^2}=\lim_{x\to-0}\dfrac{e^x}{x^2}=\infty$

$\displaystyle\lim_{x\to\infty}\dfrac{e^x}{x^2}=\infty$, $\displaystyle\lim_{x\to-\infty}\dfrac{e^x}{x^2}=0$

よって，グラフは右図のようになる。

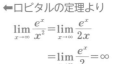

←ロピタルの定理より
$$\lim_{x\to\infty}\dfrac{e^x}{x^2}=\lim_{x\to\infty}\dfrac{e^x}{2x}$$
$$=\lim_{x\to\infty}\dfrac{e^x}{2}=\infty$$

(2) $\dfrac{e^x}{x^2}=a$ と変形すると，異なる実数解の個数は

$y=\dfrac{e^x}{x^2}$ と $y=a$ のグラフとの共有点の個数である。

よって，上のグラフより　　$a>\dfrac{e^2}{4}$ のとき　3個，$a=\dfrac{e^2}{4}$ のとき　2個

$0<a<\dfrac{e^2}{4}$ のとき　1個，$a \leqq 0$ のとき　0個

アドバイス ••

• $f(x)=kg(x)$ の解の個数を求めるには，$\dfrac{f(x)}{g(x)}=k$（定数）の形に変形して，

$y=\dfrac{f(x)}{g(x)}$ と $y=k$ のグラフとの交点の数で考えるのが基本である。$y=\dfrac{f(x)}{g(x)}$ の

グラフさえかければ難しくないので，グラフがかけるかどうかにかかっている。

これで 解決 !

$f(x)=kg(x)$ 解の個数	$\Rightarrow$	$\dfrac{f(x)}{g(x)}=k$ と変形，$y=\dfrac{f(x)}{g(x)}$ と $y=k$ のグラフで

練習38 関数 $f(x)=\dfrac{e^x}{x-1}$ について，次の問いに答えよ。

(1) 曲線 $y=f(x)$ のグラフの概形をかけ。

(2) 定数 k に対して，方程式 $e^x=k(x-1)$ の異なる実数解の個数を求めよ。

〈名城大〉

39　微分法の不等式への応用

$x>0$ のとき $e^x>1+x+\dfrac{x^2}{2}$ であることを証明せよ。　　〈大阪教育大〉

解　$f(x)=e^x-\left(1+x+\dfrac{x^2}{2}\right)$ とおくと

$f'(x)=e^x-1-x$

$f''(x)=e^x-1$

$x>0$ のとき $e^x>1$ だから，$f''(x)>0$ である。　　←$f''(x)$ で $f'(x)$ の増減がわかる。

よって，$f'(x)$ は $x\geqq0$ で増加する。

$f'(x)>f'(0)=e^0-1=1-1=0$

だから $x>0$ で $f'(x)>0$ である。　　←$f'(x)$ で $f(x)$ の増減がわかる。

ゆえに，$f(x)$ は $x\geqq0$ で増加する。

$f(x)>f(0)=e^0-1=1-1=0$

だから $x>0$ で $f(x)>0$ である。

したがって

$e^x>1+x+\dfrac{x^2}{2}\quad(x>0)$

が成り立つ。

←$\begin{cases} f'(x)>0\ (x>\alpha) \\ f(\alpha)=\beta \end{cases}$ のとき

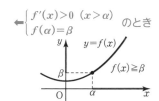

$f(x)\geqq\beta$

アドバイス・・・

・高次導関数を用いた不等式の証明では，$f'(x)$，$f''(x)$，場合によっては $f'''(x)$ まで求めることがある。例題のように $f'(x)>0$，$f''(x)>0$ を増加関数であることを利用して順次証明していく。

・ここで，$f'(x)>0$ だから $f(x)>0$ と誤らないこと。$f(x)$ が増加関数であることと，$f(x)$ が正か負かはまったく別の話だ！

これで　解決！

高次導関数を利用した不等式の証明　➡　$f'(x)$ は $f(x)$ の増加，減少
$f''(x)$ は $f'(x)$ の増加，減少　を決定

練習39　(1)　次の不等式が成り立つことを示せ。

(i)　$\sqrt{x}>\log x\quad(x>0)$　　〈弘前大〉

(ii)　$x-\dfrac{x^3}{6}<\sin x<x\quad(x>0)$　　〈京都工繊大〉

(2)　関数 $f(x)=\dfrac{\log x}{x}$ は $x\geqq e$ のとき，減少することを示し，$101^{99}<99^{101}$ であることを証明せよ。　　〈東北学院大〉

40 不等式を利用した証明

(1) 不等式 $\dfrac{1-t^2}{t} > -2\log t \ \ (0<t<1)$ を証明せよ。

(2) 不等式 $\sin x \tan x > 2\log\left(\dfrac{1}{\cos x}\right)\ \left(0<x<\dfrac{\pi}{2}\right)$ を証明せよ。

〈大阪工大〉

解 (1) $f(t)=\dfrac{1-t^2}{t}+2\log t$ とおくと

$$f'(t)=\dfrac{-t^2-1}{t^2}+\dfrac{2}{t}=-\dfrac{(t-1)^2}{t^2}<0$$

よって，$f(t)$ は減少関数で，$f(1)=0$ だから
$0<t<1$ のとき，$f(t)>0$ となる。

ゆえに，$\dfrac{1-t^2}{t} > -2\log t \ \ (0<t<1)$ が成り立つ。

(2) $0<\theta<\dfrac{\pi}{2}$ のとき $0<\cos\theta<1$ だから

(1)の不等式で $t=\cos\theta$ を代入すると

$\dfrac{1-\cos^2 x}{\cos x} > -2\log(\cos x)$ が成り立つ。

$\dfrac{\sin^2 x}{\cos x} > 2\log\left(\dfrac{1}{\cos x}\right)$　よって，$0<x<\dfrac{\pi}{2}$ のとき

$\sin x \tan x > 2\log\left(\dfrac{1}{\cos x}\right)$ が成り立つ。

$$\begin{aligned}\Leftarrow\ -2\log(\cos x)\\ =2\log(\cos x)^{-1}\\ =2\log\left(\dfrac{1}{\cos x}\right)\end{aligned}$$

アドバイス ・・・・・・・・・・・・・・・・・・・・・・・・・・・・・・・・・・・

・(1)の不等式を利用して，(2)の不等式を証明する問題では，(1)の不等式の変数を適当な関数に置き換えて示すことになる。

・そのようなとき，利用する不等式のどの部分がどのような関数で置き換わっているかを考える。

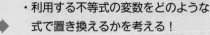

これで 解 決 !

不等式を利用した不等式の証明では	⟹	・利用する不等式の変数をどのような式で置き換えるかを考える！ ・代入してからの式変形が必要なこともある

練習40 (1) $t>0$ のとき，不等式 $\log t \leqq t-1$ が成り立つことを示せ。

(2) $t>0$ のとき，不等式 $\log t \geqq 1-\dfrac{1}{t}$ が成り立つことを示せ。

(3) $x>0$，$y>0$ のとき，不等式 $x\log x \geqq x\log y + x - y$ が成り立つことを示せ。

〈大阪教育大〉

41 平均値の定理を利用した不等式の証明

平均値の定理を利用して，$x>0$ のとき，次の不等式を証明せよ。

$$\frac{1}{x+1}<\log(x+1)-\log x<\frac{1}{x}$$

〈慶応大〉

解　$f(x)=\log x$ とすると

$f(x)$ は $x>0$ で微分可能で $f'(x)=\dfrac{1}{x}$

区間 $[x,\ x+1]$ で平均値の定理から

$$\frac{\log(x+1)-\log x}{x+1-x}=f'(c),\ \ x<c<x+1$$

となる c が存在する。

これより，$\log(x+1)-\log x=\dfrac{1}{c}$

ここで，$x>0$ だから

$x<c<x+1$ より　$\dfrac{1}{x+1}<\dfrac{1}{c}<\dfrac{1}{x}$

よって，$\dfrac{1}{x+1}<\log(x+1)-\log x<\dfrac{1}{x}$

が成り立つ。

←どんな関数に平均値
　の定理を適用するの
　かが point

―――平均値の定理―――
$f(x)$ が $[a,\ b]$ で連続
で，$(a,\ b)$ で微分可能
ならば
$$\frac{f(b)-f(a)}{b-a}=f'(c)$$
$$(a<c<b)$$
を満たす c が少なくとも
1 つ存在する。

アドバイス ···

・平均値の定理は，右図のように，
区間 $[a,\ b]$ で連続な関数 $f(x)$ が，$(a,\ b)$ で
微分可能ならば，線分 AB の傾き $\dfrac{f(b)-f(a)}{b-a}$
と同じ傾き $f'(c)$ になる接線が少なくとも 1
本，区間 $(a,\ b)$ の範囲に引ける。
という定理である。

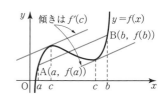

・これを不等式の証明に利用することがあるが，
そのポイントは次のようなことだ。

これで 解決 !

平均値の定理を利用　　　→　　どんな関数 $f(x)$ を　　平均値の定理を適
した不等式の証明　　　　　　　どの区間 $[a,\ b]$ で　　用するかを考える

■**練習41**　実数 $a,\ b$ が $a>b>1$ を満たすとき，不等式
　　　$\log a-\log b<a-b<a\log a-b\log b$
が成り立つことを示せ。ただし，対数は自然対数とする。　　〈山口大〉

42 不定積分

次の不定積分を求めよ。

(1) $\displaystyle\int \frac{5x^2-1}{\sqrt{x}}\,dx$ (2) $\displaystyle\int \frac{\cos^2 x}{1+\sin x}\,dx$ (3) $\displaystyle\int \frac{(3^x-1)^2}{3^x}\,dx$

解

(1) $\displaystyle(与式)=\int(5x^{\frac{3}{2}}-x^{-\frac{1}{2}})\,dx=5\cdot\frac{2}{5}x^{\frac{5}{2}}-2x^{\frac{1}{2}}+C$

$\qquad =2x^2\sqrt{x}-2\sqrt{x}+C$

←$x^{\frac{n}{m}}$ の形で
積分する。

(2) $\displaystyle(与式)=\int\frac{1-\sin^2 x}{1+\sin x}\,dx=\int\frac{(1-\sin x)(1+\sin x)}{1+\sin x}\,dx$

$\qquad =\int(1-\sin x)\,dx=x+\cos x+C$

←三角関数の
変形が大切

(3) $\displaystyle(与式)=\int\frac{(3^x)^2-2\cdot3^x+1}{3^x}\,dx=\int\left\{3^x-2+\left(\frac{1}{3}\right)^x\right\}dx$

$\qquad =\dfrac{3^x}{\log 3}-2x-\dfrac{1}{3^x\log 3}+C$

←分子を分けて
考える。

アドバイス

・積分は微分の逆演算であり，主な公式は次のようなものである。公式は丸暗記する
のではなく，どの形にすれば積分できるかを理解することが大切である。

・式の変形も置換積分や部分積分も，最後は公式が使えるような形を目指している。

これで 解決！

不定積分の基本公式

$\displaystyle\int x^\alpha dx=\frac{1}{\alpha+1}x^{\alpha+1}+C \ (\alpha\neq-1)$ $\displaystyle\int\frac{1}{x}dx=\log|x|+C$

$\displaystyle\int\sin x\,dx=-\cos x+C$ $\displaystyle\int\cos x\,dx=\sin x+C$

$\displaystyle\int\frac{1}{\cos^2 x}dx=\tan x+C$ $\displaystyle\int\frac{1}{\sin^2 x}dx=-\frac{1}{\tan x}+C$

$\displaystyle\int e^x dx=e^x+C$ $\displaystyle\int a^x dx=\frac{a^x}{\log a}+C$

練習42 次の不定積分を求めよ。

(1) $\displaystyle\int x(\sqrt{x}-2)\,dx$ (2) $\displaystyle\int\frac{(x-1)^2}{x\sqrt{x}}\,dx$ 〈信州大〉

(3) $\displaystyle\int\left(\frac{1}{x^2}+\frac{1}{x}+\cos 2x\right)dx$ 〈福島大〉 (4) $\displaystyle\int 5^x dx$

(5) $\displaystyle\int\tan^2 x\,dx$ 〈宮城教育大〉 (6) $\displaystyle\int(e^{x-1}+2^{x+1})\,dx$

43 置換積分

次の不定積分を求めよ。

(1) $\displaystyle\int(2x+1)^4\,dx$　　　　(2) $\displaystyle\int xe^{x^2}\,dx$　　　　(3) $\displaystyle\int\frac{2x-3}{x^2-3x}\,dx$

解 (1) $2x+1=t$ とおくと

$$\frac{dt}{dx}=2 \quad\text{より}\quad dx=\frac{1}{2}\,dt$$

$$(\text{与式})=\int t^4\cdot\frac{1}{2}\,dt=\frac{1}{10}t^5+C=\boldsymbol{\frac{1}{10}(2x+1)^5+C}$$

← $g(x)=t$ のとき
$g'(x)=\dfrac{dt}{dx}$ であるが，
形式的に $g'(x)\,dx=dt$
とかける。

(2) $x^2=t$ とおくと

$$\frac{dt}{dx}=2x \quad\text{より}\quad x\,dx=\frac{1}{2}\,dt$$

$$(\text{与式})=\int e^t x\,dx=\frac{1}{2}\int e^t\,dt$$

$$=\frac{1}{2}e^t+C=\boldsymbol{\frac{1}{2}e^{x^2}+C}$$

← $x^2=t$ とおくことにより
x が消えてすべて t に
置き換わる。

(3) $(\text{与式})=\displaystyle\int\frac{(x^2-3x)'}{x^2-3x}\,dx=\boldsymbol{\log|x^2-3x|+C}$　← $\displaystyle\int\frac{g'(x)}{g(x)}\,dx=\log|g(x)|+C$

アドバイス・・

置換積分の公式は $\displaystyle\int f(x)\,dx$ において，$x=g(t)$ と表せるとき，次の公式が得られる。

$$\int f(x)\,dx=\int f(g(t))g'(t)\,dt$$

← $x=g(t)$ のとき，形式的に
$dx=\dfrac{dx}{dt}dt=g'(t)\,dt$ となる。

また，この式で x と t を入れかえて $g(x)=t$ とおいて得られる次の式も使われる。

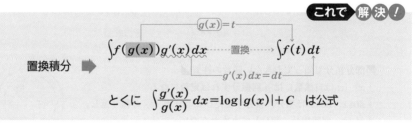

これで 解決 !

$$\text{置換積分} \Rightarrow \int f(g(x))g'(x)\,dx \quad\cdots\cdots\text{置換}\cdots\cdots\rightarrow \int f(t)\,dt$$

$$g(x)=t$$
$$g'(x)\,dx=dt$$

とくに $\displaystyle\int\frac{g'(x)}{g(x)}\,dx=\log|g(x)|+C$ は公式

練習43 次の不定積分を求めよ。

(1) $\displaystyle\int(3x+1)\sqrt{3x-2}\,dx$　　　〈茨城大〉　(2) $\displaystyle\int xe^{1-x^2}\,dx$　　　　　〈青山学院大〉

(3) $\displaystyle\int\frac{\log x}{x}\,dx$　　　　〈職業能開大〉　(4) $\displaystyle\int\frac{e^x}{(e^x-1)(e^x+1)}\,dx$　　　〈会津大〉

44 部分積分

次の不定積分を求めよ。

(1) $\displaystyle\int x\sin x\,dx$ 〈岡山県立大〉

(2) $\displaystyle\int (2x+1)\log x\,dx$ 〈東北学院大〉

解

(1) $\displaystyle\int x\sin x\,dx=\int x(-\cos x)'\,dx$

$\displaystyle\qquad =-x\cos x-\int 1\cdot(-\cos x)\,dx$

$\qquad =\boldsymbol{-x\cos x+\sin x+C}$

$\Leftarrow \displaystyle\int uv'\,dx=uv-\int u'v\,dx$
$u=x,\ v'=\sin x$ とおくと
$u'=1,\ v=-\cos x$ である。

(2) $\displaystyle\int (2x+1)\log x\,dx=\int (x^2+x)'\log x\,dx$

$\displaystyle\qquad =(x^2+x)\log x-\int (x^2+x)\cdot\frac{1}{x}\,dx$

$\displaystyle\qquad =(x^2+x)\log x-\int (x+1)\,dx$

$\qquad =\boldsymbol{(x^2+x)\log x-\frac{1}{2}x^2-x+C}$

$\Leftarrow u=\log x,\ v'=2x+1$
$u'=\dfrac{1}{x},\ v=x^2+x$
となる部分積分である。

アドバイス ••

・部分積分は被積分関数が, 主に種類の異なる 2 つの関数の積の形で表されたときに適する方法である。そのしくみは次のようになっているから, $f(x)$ と $g'(x)$ はまず, 次のように考える。

$\quad$ $f(x)$ は微分しやすい関数, $g'(x)$ は積分しやすい関数を選ぶ

これで 解決！

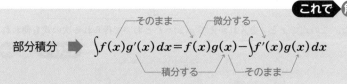

部分積分 $\Rightarrow$ $\displaystyle\int f(x)g'(x)\,dx=f(x)g(x)-\int f'(x)g(x)\,dx$

（そのまま）（微分する）
（積分する）（そのまま）

▶**部分積分で知っておきたい関数の性質**◀

・x^n（n は自然数）は n 回微分すれば定数になる。

・$\sin x,\ \cos x$ は微分, 積分するたびに sin と cos の繰り返し。

・e^x は, 何回微分, 積分しても変わらない。

・$\log x$ は 1 回微分すると $\dfrac{1}{x}$ になる。

■**練習44** 次の不定積分を求めよ。

(1) $\displaystyle\int x\log x\,dx$ 〈東京都市大〉

(2) $\displaystyle\int x\cos x\,dx$ 〈東京電機大〉

(3) $\displaystyle\int x^2 e^x\,dx$ 〈明治大〉

(4) $\displaystyle\int e^{-x}\sin x\,dx$ 〈宮城教育大〉

45 三角関数の積分

次の不定積分を求めよ。

(1) $\displaystyle\int \sin 3x \sin 2x\, dx$　〈信州大〉　(2) $\displaystyle\int \cos^3 x\, dx$

解 (1) $\sin 3x \sin 2x = -\dfrac{1}{2}(\cos 5x - \cos x)$ だから

$$（与式）= -\frac{1}{2}\int \cos 5x\, dx + \frac{1}{2}\int \cos x\, dx$$

$$= -\frac{1}{10}\sin 5x + \frac{1}{2}\sin x + C$$

←$\sin\alpha\sin\beta$
$=-\dfrac{1}{2}\{\cos(\alpha+\beta)-\cos(\alpha-\beta)\}$

$$\int \sin nx\, dx = -\frac{1}{n}\cos nx + C$$
$$\int \cos nx\, dx = \frac{1}{n}\sin nx + C$$

(2) $\displaystyle\int \cos^3 x\, dx = \int (1-\sin^2 x)\cos x\, dx$

$\sin x = t$ とおくと $\cos x\, dx = dt$

よって，$\displaystyle\int (1-t^2)\, dt = t - \frac{1}{3}t^3 + C = \sin x - \frac{1}{3}\sin^3 x + C$

←$f(\sin\theta)\cdot\cos\theta$ の形は $\sin\theta = t$ とおいて，置換できる。

別解 $\cos 3x = 4\cos^3 x - 3\cos x$ だから $\cos^3 x = \dfrac{1}{4}(\cos 3x + 3\cos x)$

$$（与式）= \frac{1}{4}\int(\cos 3x + 3\cos x)\, dx = \frac{1}{12}\sin 3x + \frac{3}{4}\sin x + C$$
←答えの形は違うが，変形すれば同じになる。

アドバイス
・三角関数を積分するには，2つの方法を考えるのがよい。1つは積や累乗の式を次の公式を使って，1次式の形にする。もう1つは(2)のように置換することだ。

┌─積→和の公式─┐
$$\sin\alpha\cos\beta = \frac{1}{2}\{\sin(\alpha+\beta)+\sin(\alpha-\beta)\}$$
$$\cos\alpha\sin\beta = \frac{1}{2}\{\sin(\alpha+\beta)-\sin(\alpha-\beta)\}$$
$$\cos\alpha\cos\beta = \frac{1}{2}\{\cos(\alpha+\beta)+\cos(\alpha-\beta)\}$$
$$\sin\alpha\sin\beta = -\frac{1}{2}\{\cos(\alpha+\beta)-\cos(\alpha-\beta)\}$$

┌─2倍角の公式からの変形─┐
$$\sin^2\theta = \frac{1-\cos 2\theta}{2} \quad \cos^2\theta = \frac{1+\cos 2\theta}{2}$$

┌─3倍角の公式からの変形─┐
$$\sin^3\theta = \frac{1}{4}(3\sin\theta - \sin 3\theta)$$
$$\cos^3\theta = \frac{1}{4}(\cos 3\theta + 3\cos\theta)$$

これで 解決!

三角関数の積分 ➡ ・積や累乗の三角関数はバラバラにして1次式の形
・置換できるのは $f(\sin\theta)\cdot\cos\theta$，$f(\cos\theta)\cdot\sin\theta$ の形
$=t$ とおく　$=t$ とおく

練習45 次の不定積分を求めよ。

(1) $\displaystyle\int \cos 3x \sin 2x\, dx$　〈東京電機大〉　(2) $\displaystyle\int \sin^3 x\, dx$　〈広島市立大〉

46 分数関数の定積分

次の定積分を求めよ。

(1) $\displaystyle\int_0^1 \frac{x^2+1}{x+1}\,dx$

〈東京電機大〉

(2) $\displaystyle\int_0^1 \frac{2x+1}{(x+1)(x-2)}\,dx$

〈中央大〉

解

(1) $\dfrac{x^2+1}{x+1}=x-1+\dfrac{2}{x+1}$ だから

$$(与式)=\int_0^1\left(x-1+\frac{2}{x+1}\right)dx$$

$$=\int_0^1(x-1)\,dx+\int_0^1\frac{2}{x+1}\,dx$$

$$=\left[\frac{1}{2}x^2-x\right]_0^1+\Big[2\log|x+1|\Big]_0^1=2\log 2-\frac{1}{2}$$

$$\begin{array}{r}x-1\\x+1\overline{\smash)\;x^2\qquad +1}\\\underline{x^2+x}\\-x+1\\\underline{-x-1}\\2\end{array}$$

(2) $\dfrac{2x+1}{(x+1)(x-2)}=\dfrac{1}{3(x+1)}+\dfrac{5}{3(x-2)}$

$$(与式)=\frac{1}{3}\int_0^1\frac{1}{x+1}\,dx+\frac{5}{3}\int_0^1\frac{1}{x-2}\,dx$$

$$=\frac{1}{3}\Big[\log|x+1|\Big]_0^1$$

$$\qquad+\frac{5}{3}\Big[\log|x-2|\Big]_0^1$$

$$=\frac{1}{3}\log 2-\frac{5}{3}\log 2=-\frac{4}{3}\log 2$$

$\dfrac{2x+1}{(x+1)(x-2)}=\dfrac{A}{x+1}+\dfrac{B}{x-2}$ とおく。

$$=\frac{(A+B)x+(-2A+B)}{(x+1)(x-2)}$$

分子を比較して
$A+B=2$ ……①，$-2A+B=1$ ……②
①，②を解いて
$A=\dfrac{1}{3},\ B=\dfrac{5}{3}$

アドバイス ‥‥‥‥‥‥‥‥‥‥‥‥‥‥‥‥‥‥‥‥‥‥‥‥‥‥‥‥‥‥‥‥‥‥‥‥‥‥

分数関数の積分では，次のことに注意して，式変形をするのがよい。

・(1)のように，分子の次数が分母より高いときは，まず，割り算をして分子の次数を分母より低くする。

・(2)のように，分母を分けて部分分数にする。分母を1次式にすれば積分は簡単にできる。

分数関数の積分 ➡ ・分子の次数を分母より低くする
・部分分数に分けて，分母を1次式にする

練習46 次の定積分を求めよ。

(1) $\displaystyle\int_0^1 \frac{2x^3}{1+x^2}\,dx$ 〈埼玉大〉

(2) $\displaystyle\int_0^1 \frac{4x-1}{2x^2+5x+2}\,dx$ 〈関西大〉

47 置換積分の定積分

次の定積分を求めよ。

(1) $\displaystyle\int_{-1}^{2}(2x+1)\sqrt{x+2}\,dx$ 　　〈日本大〉　(2) $\displaystyle\int_{0}^{\log 2}\dfrac{dx}{e^x+1}$ 　　〈東京医大〉

解　(1)　$\sqrt{x+2}=t$　とおくと　$x=t^2-2$

$$dx=2t\,dt$$

x	$-1 \to 2$
t	$1 \to 2$

　$(与式)=\displaystyle\int_{1}^{2}(2t^2-3)t\cdot 2t\,dt=\int_{1}^{2}(4t^4-6t^2)\,dt$

　　　$=\left[\dfrac{4}{5}t^5-2t^3\right]_{1}^{2}=\dfrac{\boldsymbol{54}}{\boldsymbol{5}}$

←$x+2=t$　とおいてもできる。

←$x=-1$　のとき，
　　$t=\sqrt{-1+2}=1$
　$x=2$　のとき，
　　$t=\sqrt{2+2}=2$

(2)　$e^x=t$　とおくと

$$dx=\dfrac{dt}{e^x}=\dfrac{dt}{t}$$

x	$0 \to \log 2$
t	$1 \to 2$

　$(与式)=\displaystyle\int_{1}^{2}\dfrac{1}{t+1}\cdot\dfrac{dt}{t}=\int_{1}^{2}\left(\dfrac{1}{t}-\dfrac{1}{t+1}\right)dt$

　　　$=\Big[\log|t|-\log|t+1|\Big]_{1}^{2}=\boldsymbol{\log\dfrac{4}{3}}$

←$e^x+1=t$　とおいてもできる。

←$x=0$　のとき，
　　$t=e^0=1$
　$x=\log 2$　のとき，
　　$t=e^{\log 2}=2$

アドバイス ••

・置換積分の定積分は，被積分関数を置き換えるだけでなく，積分区間も変えなければならない。積分区間以外は置換積分の不定積分（**43** 参照）とまったく同じである。

・置換積分において，$x=g(t)$ の置き方は1つとは限らないが，結果はすべて同じである。

置換積分 の 定積分	$\Rightarrow$	$\displaystyle\int_{a}^{b}f(x)\,dx \xrightarrow[dx=g'(t)\,dt]{x=g(t)}$	x	$a \to b$	$\displaystyle\int_{\alpha}^{\beta}f(g(t))g'(t)\,dt$
			t	$\alpha \to \beta$	

$$a=g(\alpha),\ \ b=g(\beta)$$

練習47　次の定積分を求めよ。

(1) $\displaystyle\int_{2}^{5}\dfrac{x}{\sqrt{x-1}}\,dx$ 　　〈愛知工大〉　(2) $\displaystyle\int_{0}^{\frac{\pi}{4}}\dfrac{\sin 2x}{1+\cos^2 x}\,dx$ 　　〈埼玉大〉

(3) $\displaystyle\int_{0}^{1}xe^{-x^2}\,dx$ 　　〈神奈川大〉　(4) $\displaystyle\int_{\frac{1}{e}}^{e}\dfrac{(\log x)^2}{x}\,dx$ 　　〈明治大〉

48 部分積分の定積分

> 次の定積分を求めよ。
>
> (1) $\displaystyle\int_1^e x^2 \log x\, dx$ 〈愛媛大〉 (2) $\displaystyle\int_0^1 x^2 e^x\, dx$ 〈立教大〉

解 (1) $\displaystyle(与式)=\int_1^e \left(\frac{1}{3}x^3\right)' \log x\, dx$

$\qquad = \left[\frac{1}{3}x^3 \log x\right]_1^e - \int_1^e \frac{1}{3}x^3 \cdot \frac{1}{x}\, dx$

$\qquad = \frac{1}{3}e^3 - \left[\frac{1}{9}x^3\right]_1^e = \frac{1}{3}e^3 - \left(\frac{1}{9}e^3 - \frac{1}{9}\right)$

$\qquad = \frac{1}{9}(2e^3 + 1)$

← $\begin{cases} u = \log x, & v' = x^2 \\ u' = \dfrac{1}{x}, & v = \dfrac{1}{3}x^3 \end{cases}$

┌─ 部分積分の定積分 ─
$$\int_a^b uv'\, dx = \Big[uv\Big]_a^b - \int_a^b u'v\, dx$$

(2) $\displaystyle(与式)=\int_0^1 x^2 (e^x)'\, dx$

$\qquad = \Big[x^2 e^x\Big]_0^1 - \int_0^1 2x e^x\, dx$

$\qquad = e - 2\int_0^1 x(e^x)'\, dx$

$\qquad = e - 2\left(\Big[x e^x\Big]_0^1 - \int_0^1 1 \cdot e^x\, dx\right)$

$\qquad = e - 2\left(e - \Big[e^x\Big]_0^1\right) = e - 2$

← $\begin{cases} u = x^2, & v' = e^x \\ u' = 2x, & v = e^x \end{cases}$

← $\begin{cases} u = x, & v' = e^x \\ u' = 1, & v = e^x \end{cases}$

アドバイス ••

• 部分積分の定積分は，不定積分を求めて上端と下端の値を代入して計算すればよい。

• 置換積分のように，積分区間の変換を考える必要はないが，部分積分を2回以上必要とする複雑な計算も少なくない。

これで 解決!

┌─ 積分しやすい関数

部分積分の定積分 ➡ $\displaystyle\int_a^b f(x)g'(x)\, dx = \Big[f(x)g(x)\Big]_a^b - \int_a^b f'(x)g(x)\, dx$

└─ $f(x)$ は微分しやすい関数

練習48 次の定積分を求めよ。

(1) $\displaystyle\int_1^e \log x\, dx$ 〈佐賀大〉 (2) $\displaystyle\int_0^1 x e^{-2x}\, dx$ 〈横浜国大〉

(3) $\displaystyle\int_0^\pi x \sin x\, dx$ 〈鹿児島大〉 (4) $\displaystyle\int_0^\pi e^x \sin x\, dx$ 〈山梨医大〉

49　三角関数を利用した置換積分

次の定積分を求めよ。

(1) $\displaystyle\int_0^1 \frac{dx}{\sqrt{4-x^2}}$　　〈広島市立大〉　(2) $\displaystyle\int_2^{2\sqrt{3}} \frac{dx}{4+x^2}$　　〈東京農大〉

解

(1)　$x=2\sin\theta$ とおくと

$dx=2\cos\theta\,d\theta$

x	$0 \to 1$
θ	$0 \to \dfrac{\pi}{6}$

$\Leftarrow x=0$ のとき
$\quad\sin\theta=0$ より $\theta=0$
$\quad x=1$ のとき
$\qquad\sin\theta=\dfrac{1}{2}$ より $\theta=\dfrac{\pi}{6}$

$\begin{aligned}
(与式)&=\int_0^{\frac{\pi}{6}} \frac{2\cos\theta\,d\theta}{\sqrt{4-4\sin^2\theta}}\\
&=\int_0^{\frac{\pi}{6}} \frac{2\cos\theta\,d\theta}{2\sqrt{\cos^2\theta}}=\int_0^{\frac{\pi}{6}} d\theta\\
&=\Big[\theta\Big]_0^{\frac{\pi}{6}}=\frac{\pi}{6}
\end{aligned}$

$\Leftarrow 0\leqq\theta\leqq\dfrac{\pi}{6}$ のとき，
$\quad\cos\theta\geqq0$ だから
$\quad\sqrt{\cos^2\theta}=\cos\theta$

(2)　$x=2\tan\theta$ とおくと

$dx=\dfrac{2}{\cos^2\theta}\,d\theta$

x	$2 \to 2\sqrt{3}$
θ	$\dfrac{\pi}{4} \to \dfrac{\pi}{3}$

$\Leftarrow x=2$ のとき
$\quad\tan\theta=1$ より $\theta=\dfrac{\pi}{4}$
$\quad x=2\sqrt{3}$ のとき
$\qquad\tan\theta=\sqrt{3}$ より $\theta=\dfrac{\pi}{3}$

$\begin{aligned}
(与式)&=\int_{\frac{\pi}{4}}^{\frac{\pi}{3}} \frac{1}{4(1+\tan^2\theta)}\cdot\frac{2}{\cos^2\theta}\,d\theta\\
&=\frac{1}{2}\int_{\frac{\pi}{4}}^{\frac{\pi}{3}} d\theta=\frac{1}{2}\Big[\theta\Big]_{\frac{\pi}{4}}^{\frac{\pi}{3}}=\frac{\pi}{24}
\end{aligned}$

$\Leftarrow 1+\tan^2\theta=\dfrac{1}{\cos^2\theta}$

アドバイス

- 置換積分には，いろいろな置き方があるが，この2つは，三角関数で置き換える代表的なものだから覚えておくとよい。
- なお，三角関数の積分区間の変換は1通りには定まらないが，$\sin\theta$ は

$-\dfrac{\pi}{2}\leqq\theta\leqq\dfrac{\pi}{2}$ の範囲で変換すると考えてよいだろう。

- 置換積分では，積分区間と被積分関数が1対1に対応していなければならない。

これで　解決！

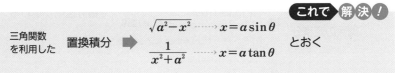

三角関数
を利用した　置換積分　⇒　$\sqrt{a^2-x^2}$ ……… $x=a\sin\theta$
$\dfrac{1}{x^2+a^2}$ ……… $x=a\tan\theta$　とおく

練習49　次の定積分を求めよ。

(1) $\displaystyle\int_0^{\frac{1}{2}} x^2\sqrt{1-x^2}\,dx$　　〈横浜国大〉　(2) $\displaystyle\int_0^{\frac{1}{3}} \frac{dx}{9x^2+1}$　　〈広島県立大〉

50 絶対値記号のついた関数の定積分

a が $1 \leqq a \leqq e$ の範囲を動くとき，関数 $f(a) = \int_0^1 |e^x - a| dx$ の値が最小になるような a の値を求めよ。　　　〈東京女子大〉

解　$|e^x - a| = \begin{cases} e^x - a & (\log a \leqq x \leqq 1) \\ -e^x + a & (0 \leqq x \leqq \log a) \end{cases}$

$f(a) = \int_0^{\log a} (-e^x + a) dx + \int_{\log a}^1 (e^x - a) dx$

$\quad = \left[-e^x + ax \right]_0^{\log a} + \left[e^x - ax \right]_{\log a}^1$

$\quad = (-a + a\log a + 1)$
$\qquad\qquad + (e - a - a + a\log a)$

$\quad = 2a\log a - 3a + e + 1$

$f'(a) = 2\log a + 2a \cdot \dfrac{1}{a} - 3 = 2\log a - 1$

$f'(a) = 2\log a - 1 = 0$ より

$\quad \log a = \dfrac{1}{2}$　よって，$a = \sqrt{e}$

右の増減表より
最小になる a の値は
$\quad a = \sqrt{e}$

←$e^x - a = 0$ となる x の値は
$e^x = a$ より $x = \log a$
$1 \leqq a \leqq e$ だから $0 \leqq \log a \leqq 1$
また，x の積分区間が $[0, 1]$
だから，グラフは次のようになる。

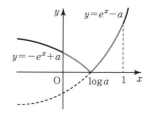

a	1	$\cdots$	$\sqrt{e}$	$\cdots$	e
$f'(a)$		$-$	0	$+$	
$f(a)$		$\searrow$	極小	$\nearrow$	

アドバイス ···

・$\int_a^b |f(x)| dx$ の定積分の計算では，関数 $y = f(x)$ のグラフをかくとわかりやすい。

・積分区間はグラフが，x 軸の上側にあるか，下側にあるかによって変わる。

・大切なのは $f(x) = 0$ となる x の値である。この x の値が場合分けの分岐点になる。

これで 解決！

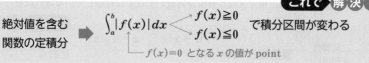

絶対値を含む　　➡　$\int_a^b |f(x)| dx$ ⟨ $\begin{array}{l} f(x) \geqq 0 \\ f(x) \leqq 0 \end{array}$ で積分区間が変わる
関数の定積分
$\qquad\qquad\qquad\qquad$ └─ $f(x) = 0$ となる x の値が point

■練習50　関数 $g(x) = \int_1^e |\log t - x| dt$ の $0 \leqq x \leqq 1$ における最小値とそのときの x の値を求めよ。　　　〈琉球大〉

51 定積分で表された関数(1)：$\int_a^b f(t)\,dt = k$

$f(x) = \cos x + \int_0^{\frac{\pi}{3}} f(t)\sin t\,dt$ を満たす関数 $f(x)$ を求めよ。

〈早稲田大〉

解　$\int_0^{\frac{\pi}{3}} f(t)\sin t\,dt = k$（定数）とおくと

$f(x) = \cos x + k$ と表せるから

$$k = \int_0^{\frac{\pi}{3}} (\cos t + k)\sin t\,dt$$

$$= \frac{1}{2}\int_0^{\frac{\pi}{3}} \sin 2t\,dt + k\int_0^{\frac{\pi}{3}} \sin t\,dt$$

$$= \frac{1}{2}\left[-\frac{1}{2}\cos 2t\right]_0^{\frac{\pi}{3}} + k\left[-\cos t\right]_0^{\frac{\pi}{3}}$$

$$= \frac{3}{8} + \frac{k}{2}$$

よって，$k = \frac{3}{8} + \frac{1}{2}k$　より　$k = \frac{3}{4}$

ゆえに，$f(x) = \cos x + \dfrac{3}{4}$

← $\int_0^{\frac{\pi}{3}} f(t)\sin t\,dt$ は計算するとある値になるからその値を k とおく。

← $f(x) = \cos x + k$ だから　$x \to t$ に置き換えて　$f(t) = \cos t + k$

アドバイス ・・・

・定積分で表された関数を求める場合，式の中に $\int_a^b f(t)\,dt$ や $\int_a^b t\,f(t)\,dt$ のような積分区間や被積分関数に変数 x が入っていない定積分が含まれていることがある。このときは，定積分の値を k（定数）とおいて考えるのが一般的である。

これで　解決 !

定積分で表された関数 ➡ $f(x) = g(x) + \int_a^b f(t)\,dt$ ⤑ $f(x) = g(x) + k$ と表す
$k = \int_a^b \{g(t) + k\}\,dt$ より k が求められる

・定積分の内部に変数 x が含まれているとき，たとえば

$f(x) = g(x) + \int_a^b (x + t)f(t)\,dt$ の場合は $\int_a^b (x + t)f(t)\,dt = k$（定数）
とおけない。この場合は　　x があるから定数にならない

$f(x) = g(x) + x\underbrace{\int_a^b f(t)\,dt}_{A} + \underbrace{\int_a^b t\,f(t)\,dt}_{B}$ より　　$f(x) = g(x) + Ax + B$ とおく。

■**練習51** 次の関係を満たす連続関数 $f(x)$，$g(x)$ を求めよ。

$f(x) = x^2 + \int_0^1 t\,g(t)\,dt$，$g(x) = e^{-x} + x\int_0^1 f(t)\,dt$

〈九州大〉

52 定積分で表された関数(2)：$\dfrac{d}{dx}\displaystyle\int_a^x f(t)\,dt = f(x)$

(1) 任意の連続関数 $f(x)$ において，$\dfrac{d}{dx}\displaystyle\int_0^x f(x-t)\,dt = f(x)$ を示せ。

(2) $\displaystyle\int_0^x f(x-t)\,dt = 1 + x + ke^x$ を満たす関数 $f(x)$ を求めよ。ただし，k は定数とする。 〈豊橋技科大〉

解

(1) $x-t=u$ とおくと $dt = -du$

t	$0 \to x$
u	$x \to 0$

$\Leftarrow x-t=u$ とおいて置換 $f(u)$ の関数にする。

(左辺)$=\dfrac{d}{dx}\displaystyle\int_x^0 f(u)(-du) = \dfrac{d}{dx}\displaystyle\int_0^x f(u)\,du$

$\qquad = f(x)$

よって，示された。

(2) $\displaystyle\int_0^x f(x-t)\,dt = 1 + x + ke^x$

の両辺を微分すると

$\dfrac{d}{dx}\displaystyle\int_0^x f(x-t)\,dt = (1+x+ke^x)'$

(1)より，左辺は $f(x)$ となるから

$f(x) = 1 + ke^x$

$\Leftarrow \dfrac{d}{dx}\displaystyle\int_a^x f(x-t)\,dt = f(x)$

与式に $x=0$ を代入すると

$\displaystyle\int_0^0 f(x-t)\,dt = 1 + ke^0 = 0$

よって，$k=-1$ より $f(x) = 1 - e^x$

アドバイス ・・

・(1)に出てくる $f(x-t)$ の形の関数は考え難いが $x-t=u$ とおいて置換することにより，考えやすい $f(u)$ の関数にすることだ。

・(2)では，$\dfrac{d}{dx}\displaystyle\int_a^x f(t)\,dt = f(x)$ の考え方を使う。このとき，$x=a$ を代入すると，積分する幅がないから $\displaystyle\int_a^a f(t)\,dt = 0$ となる。この条件はよく使われる。

これで 解決！

$\displaystyle\int_a^x f(x-t)\,dt$ ➡ $x-t=u$ とおいて置換 $f(u)$ の関数にする

$\displaystyle\int_a^x f(t)\,dt$ ➡ $\dfrac{d}{dx}\displaystyle\int_a^x f(t)\,dt = f(x)$；$x=a$ とおくと $\displaystyle\int_a^a f(t)\,dt = 0$

練習52 ある連続関数 $f(x)$ に対して，$F(x) = -\dfrac{x}{2} + \displaystyle\int_0^x t f(x-t)\,dt$ とおくとき，$F''(x) = \sin x$ であるという。このとき，関数 $f(x)$ および $F(x)$ を求めよ。

〈青山学院大〉

53 面積(1)

(1) 曲線 $y=\log(2-x)$ と両軸で囲まれた部分の面積を求めよ。
〈関西大〉

(2) 2曲線 $y=\sin x,\ y=\cos 2x\ (0\leqq x\leqq \pi)$ で囲まれた部分の面積を求めよ。
〈関東学院大〉

解

(1) 右図より，求める面積 S は

$$S=\int_0^1 \log(2-x)\,dx$$

$2-x=t$ とおくと，$dx=-dt$

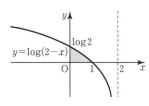

x	$0 \to 1$
t	$2 \to 1$

$$S=\int_2^1 \log t(-dt)=\int_1^2 \log t\,dt$$

$$=\Big[t\log t-t\Big]_1^2=\boldsymbol{2\log 2-1}$$

$\Leftarrow \int \log x\,dx=x\log x-x+C$

(2) 2曲線の交点の x 座標は

$\sin x=\cos 2x,\quad \sin x=1-2\sin^2 x$

$(2\sin x-1)(\sin x+1)=0$　よって

$\sin x=\dfrac{1}{2}$ より $x=\dfrac{\pi}{6},\ \dfrac{5}{6}\pi$

右図より，求める面積 S は

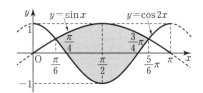

$$S=\int_{\frac{\pi}{6}}^{\frac{5}{6}\pi}(\sin x-\cos 2x)\,dx$$

$$=\Big[-\cos x-\frac{1}{2}\sin 2x\Big]_{\frac{\pi}{6}}^{\frac{5}{6}\pi}=\boldsymbol{\frac{3\sqrt{3}}{2}}$$

（グラフは，2曲線の上下関係と交点に重点を置いてかく。必要ならば座標軸との交点も明記する。）

アドバイス ・・

・曲線や座標軸で囲まれた部分の面積を求めるには，グラフの概形がかけないと困る。

・また，交点が求められないと積分区間が決まらない。むしろ，"概形と交点"を求めるのが，かなりの weight を占めると考えたほうがよい。

これで 解決!

2曲線で挟まれた部分の面積 $\Rightarrow$ $\displaystyle S=\int_a^b \{f(x)-g(x)\}\,dx$

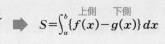

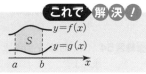

練習53 次の曲線や座標軸で囲まれた部分の面積 S を求めよ。

(1) $\sqrt{x}+\sqrt{y}=1$，x 軸，y 軸
〈摂南大〉

(2) $y=\log x$，x 軸，$x=2\sqrt{2}$
〈静岡大〉

(3) $y=2\cos x,\ y=3\tan x\ \left(0\leqq x\leqq \dfrac{\pi}{2}\right)$，$x$ 軸
〈宮城教育大〉

54 面積(2)

> (1) 曲線 $y=xe^{-x}$ の変曲点における接線の方程式を求めよ。
>
> (2) (1)の曲線とその変曲点における接線と x 軸とで囲まれた部分の
> 面積を求めよ。 〈広島工大〉

解 (1) $y'=e^{-x}(1-x)$, $y''=e^{-x}(x-2)$

$y''=0$ より $x=2$

よって，変曲点は $(2,\ 2e^{-2})$

$x=2$ のとき，$y'=-e^{-2}$

接線の方程式は $y-2e^{-2}=-e^{-2}(x-2)$

よって，$y=-\dfrac{1}{e^2}x+\dfrac{4}{e^2}$

x	$\cdots$	1	$\cdots$
y'	$+$	0	$-$
y	$\nearrow$	$\dfrac{1}{e}$	$\searrow$

(2) 増減表より，グラフの概形は右図のように
なるから，求める面積 S は

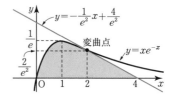

$y=-\dfrac{1}{e^2}x+\dfrac{4}{e^2}$

変曲点

$y=xe^{-x}$

$$S=\int_0^2 xe^{-x}dx+\frac{1}{2}\cdot 2\cdot\frac{2}{e^2}$$

$$=\int_0^2 x(-e^{-x})'dx+\frac{2}{e^2}$$

$$=\Big[-xe^{-x}\Big]_0^2+\int_0^2 e^{-x}dx+\frac{2}{e^2}$$

$$=-2e^{-2}+\Big[-e^{-x}\Big]_0^2+\frac{2}{e^2}=1-\frac{1}{e^2}$$

アドバイス ••

・曲線とその接線で囲まれた部分や，曲線と曲線で囲まれた部分の面積を求める場合，
　接線の方程式を求めたり，グラフの概形をかくだけでも一苦労である。

・概して，面積の問題は，積分計算よりそれに至る process が難しいことが多い。

これで解決！

| 曲線とその接線などで 囲まれた部分の面積 | ➡ | 接線の方程式 グラフの概形 を求めるのが第一歩 |

練習54 (1) 曲線 $y=e^x$ と原点を通る接線および y 軸によって囲まれた部分の面積を
求めよ。 〈東海大〉

(2) 2つの曲線 $y=cx^2$ ……① と $y=\log x$ ……② が接するように，c の値を定め
よ。また，2曲線①，②と x 軸で囲まれた部分の面積を求めよ。 〈成蹊大〉

55　2曲線の交点が求められない場合の面積

k を正の定数とし，$0 \leqq x \leqq \dfrac{\pi}{2}$ とする。$y = k\cos x$ のグラフと，

$y = \sin x$ のグラフ，x 軸によって囲まれる部分の面積 S を求めよ。

〈青山学院大〉

解　2つのグラフは右図のようになる。

このグラフの交点の x 座標を $x = \alpha$ とすると

$k\cos\alpha = \sin\alpha$ より

$\tan\alpha = k \left(0 < \alpha < \dfrac{\pi}{2} \right)$

このとき

$\left. \begin{array}{l} \sin\alpha = \dfrac{k}{\sqrt{k^2+1}} \\[2mm] \cos\alpha = \dfrac{1}{\sqrt{k^2+1}} \end{array} \right\} \cdots ①$

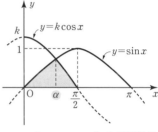

←$\sin\alpha$，$\cos\alpha$ と k の関係を押さえておく。

よって，求める面積は

$S = \displaystyle\int_0^\alpha \sin x\, dx + \int_\alpha^{\frac{\pi}{2}} k\cos x\, dx$

$= \Big[-\cos x \Big]_0^\alpha + \Big[k\sin x \Big]_\alpha^{\frac{\pi}{2}} = -\cos\alpha + 1 + k - k\sin\alpha$

①を代入して

$= -\dfrac{1}{\sqrt{k^2+1}} + 1 + k - \dfrac{k^2}{\sqrt{k^2+1}} = \boldsymbol{k + 1 - \sqrt{k^2+1}}$

アドバイス・・

・2曲線 $y = f(x)$ と $y = g(x)$ で囲まれた部分の面積を求めるとき，曲線の交点が具体的な値として求められないことがある。とくに，三角関数が題材になることが多い。

・そのようなとき，交点の x 座標を $x = \alpha$ とおいて計算を進めていくとよい。このとき，$f(\alpha) = g(\alpha)$ となるからこの関係式を利用することによって値が求まる。この発想は知っておいてほしい。

これで　解決！

| $y = f(x)$，$y = g(x)$ で囲まれた面積　交点が求められない場合 | ➡ | 交点を $x = \alpha$ として　定積分の計算を進めよ | $f(\alpha) = g(\alpha)$ の関係を利用 |

練習55　$y = k\sin x$ のグラフが $y = \sin 2x \left(0 \leqq x \leqq \dfrac{\pi}{2} \right)$ のグラフと x 軸の囲む部分の面積を 2 等分するように，定数 k の値を定めよ。　　　〈青山学院大〉

56 回転体の体積

> 曲線 $y=e^x$ と，これに接し原点を通る直線 $y=mx$ がある。これらと y 軸とで囲まれた図形を，x 軸のまわりに回転してできる回転体の体積を求めよ。 〈日本女子大〉

解 接点を $(t,\ e^t)$ とおくと，$y'=e^x$ より
接線の方程式は

$y-e^t=e^t(x-t)$ と表せる。

原点を通るから

$e^t(t-1)=0$ より $t=1$

よって，接線の方程式は $y=ex$

右図より，求める体積 V は

$$V=\pi\int_0^1 (e^x)^2\,dx-\pi\int_0^1 (ex)^2\,dx$$

$$=\pi\left[\frac{1}{2}e^{2x}\right]_0^1-\pi\left[\frac{1}{3}e^2x^3\right]_0^1$$

$$=\frac{\pi}{6}(e^2-3)$$

接線の方程式
$$y-f(t)=f'(t)(x-t)$$

x 軸回転の体積
$$V=\pi\int_a^b \{f(x)\}^2\,dx$$

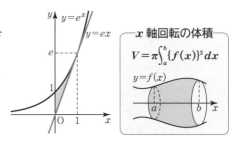

アドバイス

・回転体の体積を求めるのも面積の場合と同様に，どの部分を回転させてできる回転体なのかをしっかり確認しなければならない。

・とくに，曲線とその接線や 2 直線で囲まれた部分の場合は，右図のように，中がくりぬかれた形になることが多い。そのときの体積を面積の式と混同して

$$V=\pi\int_a^b \{f(x)-g(x)\}^2\,dx \quad と誤らないように。$$

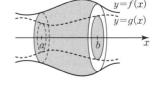

これで 解決!

2曲線 $y=f(x)\geqq y=g(x)$ で囲まれた部分の回転体 ➡ $V=\pi\int_a^b \{f(x)\}^2\,dx-\pi\int_a^b \{g(x)\}^2\,dx$

■ **練習56** 直線 $l:y=x+a$ が曲線 $C:y=2\sin x\ (-\pi\leqq x\leqq\pi)$ に接しているとき，次の問いに答えよ。ただし，$a\geqq 0$ とする。

(1) a の値を求めよ。

(2) 曲線 C と直線 l で囲まれた図形の $y\geqq 0$ の範囲にある部分を，x 軸のまわりに回転する。この回転体の体積を求めよ。 〈九州大〉

57 やや複雑な回転体の体積

曲線 $y=4-x^2$ と直線 $y=-3x$ とで囲まれる図形を x 軸のまわりに回転して得られる立体の体積を求めよ。　〈岐阜大〉

解 　曲線を図示すると，右図のようになる。
$-1 \leqq x \leqq 1$ の部分を回転させた体積を V_1
$1 \leqq x \leqq 4$ の部分を回転させた体積を V_2
とすると

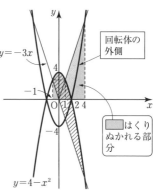

$y=-3x$

回転体の外側

$y=4-x^2$

$$V_1=\pi\int_{-1}^{1}(4-x^2)^2 dx-\boxed{\frac{1}{3}\pi\cdot 3^2\cdot 1}$$ ← くりぬかれる部分

$\boxed{}$ はくりぬかれる部分

$$=2\pi\left[16x-\frac{8}{3}x^3+\frac{1}{5}x^5\right]_0^1-3\pi$$

$$=2\pi\left(16-\frac{8}{3}+\frac{1}{5}\right)-3\pi=\left(24+\frac{1}{15}\right)\pi$$

$$V_2=\pi\int_1^4(-3x)^2 dx-\boxed{\pi\int_2^4(4-x^2)^2 dx}$$ ← くりぬかれる部分

（求める立体は青色の部分を回転させたものである。）

$$=\pi\left[3x^3\right]_1^4-\pi\left[16x-\frac{8}{3}x^3+\frac{1}{5}x^5\right]_2^4$$

$$=3\pi(4^3-1)-\pi\left\{4^3\left(1-\frac{8}{3}+\frac{16}{5}\right)-2^5\left(1-\frac{2}{3}+\frac{1}{5}\right)\right\}$$

← 同じ累乗は，同類項としてくくり出す方法もある。

$$=\pi\left(189-64\times\frac{23}{15}+32\times\frac{8}{15}\right)=\left(108-\frac{1}{15}\right)\pi$$

よって，$V_1+V_2=\boldsymbol{132\pi}$

アドバイス ・・・

・x 軸のまわりに回転した回転体の体積で，2曲線が x 軸の両側にあるとき，y 座標の絶対値の小さいほうが回転の中に含まれてしまうから，立体をつくる外側の曲線を調べなくてはならない。

・それには，グラフを正確にかき，例題のように曲線を一方に折り返して考えるのがよい。

これで 解決 !

2曲線で囲まれる部分の回転体で
x 軸の両側に2曲線がある
→ 折り返して一方に集める
　回転体の外側の曲線を積分

練習57 　区間 $0 \leqq x \leqq 2\pi$ において，2つの曲線 $y=\sin x$，$y=\cos x$ で囲まれた部分を x 軸のまわりに回転してできる立体の体積を求めよ。　〈産業医科大〉

58 回転体の体積 （y 軸回転）

> 曲線 $y=\log x$ と直線 $y=1$ および両座標軸で囲まれた部分を y 軸のまわりに回転してできる立体の体積を求めよ。　　　〈信州大〉

解　右図より，立体の体積を V とすると

$$y=\log x \longrightarrow x=e^y \text{ と表せるから}$$

$$V=\pi\int_0^1 x^2\,dy=\pi\int_0^1 (e^y)^2\,dy$$

$$=\pi\int_0^1 e^{2y}\,dy=\pi\left[\frac{1}{2}e^{2y}\right]_0^1$$

$$=\frac{\pi}{2}(e^2-1)$$

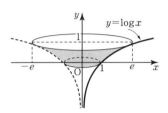

別解　$V=\pi\displaystyle\int_0^1 x^2\,dy$ を x で積分できる形に置換する。

$y=\log x$ より $dy=\dfrac{1}{x}dx$

y	$0 \to 1$
x	$1 \to e$

$$V=\pi\int_0^1 x^2\,dy=\pi\int_1^e x^2\cdot\frac{1}{x}\,dx$$

$$=\pi\left[\frac{1}{2}x^2\right]_1^e=\frac{\pi}{2}(e^2-1)$$

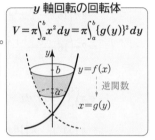

y 軸回転の回転体

$$V=\pi\int_a^b x^2\,dy=\pi\int_a^b \{g(y)\}^2\,dy$$

逆関数　$x=g(y)$

アドバイス

・y 軸のまわりに回転してできる立体の体積を求める場合，たいていは関数

　$y=f(x)$ を $x=g(y)$ と表して，$V=\pi\displaystyle\int_a^b \{g(y)\}^2\,dy$ の公式で求めることができる。

・$y=\sin x$ や $y=\cos x$ などの関数では，$x=g(y)$ の形に表せない。そのような場合は，別解のように，x で積分する形に置換して体積を求めることができる。

これで　解決！

y 軸のまわりの回転体の体積 ➡ $V=\pi\displaystyle\int_a^b x^2\,dy=\pi\displaystyle\int_a^b \{g(y)\}^2\,dy$

$x=g(y)$ とした式

練習58　次の曲線や座標軸で囲まれた部分を y 軸のまわりに回転してできる立体の体積を求めよ。

(1) $y=e^x$, $y=e$, y 軸　〈早稲田大〉　(2) $y=\log x$, $x=2\sqrt{2}$, x 軸　〈静岡大〉

(3) $y=\sin x \left(0\leqq x\leqq\dfrac{\pi}{2}\right)$, $y=1$, y 軸

ヒント (3)：y についての積分を x についての積分に置換する。

59 立体の体積

半径 a，高さ $3a$ の直円柱を図のように底面の直径を含み，底面に対して $60°$ の傾斜をもつ平面で切ったとき，平面と底面とではさまれた部分の体積を求めよ。　　　　　　　　　　　　　〈岐阜薬大〉

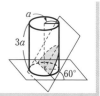

解　題意のように切ると，平面と底面ではさまれた部分は右図のようになる。底面の直径を AB，半円の中心を O とする。O からの距離が x $(-a \leqq x \leqq a)$ のところで AB に垂直な平面で切ると，切り口は三角形になる。
その三角形を $\triangle$PQR とすると，

$$QR = \sqrt{a^2 - x^2}, \quad PR = QR \tan 60° = \sqrt{3} \cdot \sqrt{a^2 - x^2}$$

よって，断面積 $S(x)$ は，

$$S(x) = \frac{1}{2} \cdot \sqrt{a^2 - x^2} \cdot \sqrt{3} \cdot \sqrt{a^2 - x^2}$$

$$= \frac{\sqrt{3}}{2}(a^2 - x^2)$$

このxの値に対して $\triangle$PQR を x で表す。

したがって，体積 V は

$$V = \int_{-a}^{a} \frac{\sqrt{3}}{2}(a^2 - x^2)\,dx = \sqrt{3}\int_{0}^{a}(a^2 - x^2)\,dx$$

$$= \sqrt{3}\left[a^2 x - \frac{1}{3}x^3\right]_0^a = \frac{2\sqrt{3}}{3}\boldsymbol{a}^3$$

$\Leftarrow V = \int_a^b S(x)\,dx$
体積は断面積を積分すれば求められる。

$\Leftarrow$偶関数の積分
$$\int_{-a}^{a}(偶関数)\,dx$$
$$= 2\int_{0}^{a}(偶関数)\,dx$$

アドバイス ・・・

- まず題意に沿った図をかく。次に体積は断面積を積分して求めるから，断面をどう作るかがポイントになる。切り口は，図のように原点 O からの距離を x としたとき，x の関数として表されることが必要である。
- 図形を考えるのだから，三平方の定理，三角比（sin, cos, tan），相似の考え方は必ず使われると思ってよい。

これで 解決！

立体の体積 ➡ 断面積を考えよ。x の関数として表せ
（三平方の定理・三角比・相似の考え方はよく使う）

■**練習59**　底面の半径 1，高さ 1 の直円柱を，底面の直径を含み底面と $45°$ の角をなす平面で切るとき，平面より下の部分の体積を求めよ。　　　　　　〈上智大〉

60 媒介変数表示による曲線の面積・体積

サイクロイド
$$x = a(t - \sin t), \quad y = a(1 - \cos t) \quad (a > 0, \quad 0 \le t \le 2\pi)$$
と x 軸で囲まれた部分の面積を求めよ。　　　　　　　　　〈山口大〉

解

$$S = \int_0^{2\pi a} y\,dx \qquad dx = a(1 - \cos t)\,dt$$

x	$0 \to 2\pi a$
t	$0 \to 2\pi$

$$= \int_0^{2\pi} a(1 - \cos t) a(1 - \cos t)\,dt$$

> t が 0 から 2π まで変化するとき，x は 0 から $2\pi a$ まで変化する。

$$= a^2 \int_0^{2\pi} (1 - 2\cos t + \cos^2 t)\,dt$$

$$= a^2 \int_0^{2\pi} \left(1 - 2\cos t + \frac{1 + \cos 2t}{2}\right) dt$$

$$= a^2 \left[\frac{3}{2}t - 2\sin t + \frac{1}{4}\sin 2t\right]_0^{2\pi}$$

$$= 3\pi a^2$$

（図：サイクロイドの曲線。$t=0$ は原点 O，$t=\pi$ は $(\pi a,\ 2a)$，$t=2\pi$ は $(2\pi a,\ 0)$）

アドバイス

- 曲線は $y = f(x)$ の形だけでなく，サイクロイドのように $x = f(t)$，$y = g(t)$ の媒介変数で表されるものもある。

- この曲線と x 軸で囲まれた部分の面積や x 軸のまわりの回転体の体積は $y = f(x)$ の場合と同様に $S = \int_a^b y\,dx$，$V = \pi \int_a^b y^2\,dx$ の公式で求められる。

- ただし，これは x の関数の式なので媒介変数である t の関数に置換する必要がある。このとき，x と t の対応を正確につかむこと。

これで 解決！

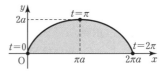

媒介変数表示 $\begin{cases} x = f(t) \\ y = g(t) \end{cases}$ による曲線の面積・体積 $\implies$

$$dx = f'(t)\,dt$$

x	$a \to b$
t	$\alpha \to \beta$

$\left(\begin{array}{c} x \text{と} t \text{の対} \\ \text{応する区間} \end{array}\right)$

$$S = \int_a^b y\,dx = \int_\alpha^\beta g(t) f'(t)\,dt$$

$$V = \pi \int_a^b y^2\,dx = \pi \int_\alpha^\beta \{g(t)\}^2 f'(t)\,dt$$

■**練習60** a，b を正の定数とするとき，楕円の方程式 $\dfrac{x^2}{a^2} + \dfrac{y^2}{b^2} = 1$ の媒介変数表示は

$$\begin{cases} x = a\cos\theta \\ y = b\sin\theta \end{cases} \quad (0 \le \theta \le 2\pi)$$

で表される。この曲線で囲まれた部分の面積 S と x 軸のまわりに回転してできる立体の体積 V を求めよ。　　　　　　　　　〈鳥取大〉

61　数列の和の極限と定積分

定積分を利用して，次の極限値を求めよ。

$$\lim_{n\to\infty}\left(\frac{1}{n+1}+\frac{1}{n+2}+\cdots\cdots+\frac{1}{n+n}\right)$$　〈上智大〉

解

$$(\text{与式})=\lim_{n\to\infty}\frac{1}{n}\left[\frac{1}{1+\dfrac{1}{n}}+\frac{1}{1+\dfrac{2}{n}}+\cdots\cdots+\frac{1}{1+\dfrac{n}{n}}\right]$$

←下図のように，1辺を $\frac{1}{n}$ とする長方形の集まりである。

$$=\lim_{n\to\infty}\frac{1}{n}\sum_{k=1}^{n}\frac{1}{1+\dfrac{k}{n}}$$

$$=\int_{0}^{1}\frac{dx}{1+x}$$

$$=\Big[\log(1+x)\Big]_{0}^{1}=\log 2$$

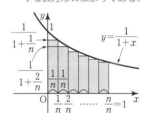

アドバイス

・関数 $y=f(x)$ において，右図のように，区間 $[0,\ 1]$ の間を n 等分して長方形をつくる。

・これらの長方形の面積の総和 S_n は

$$S_n=\frac{1}{n}\cdot f\left(\frac{1}{n}\right)+\frac{1}{n}\cdot f\left(\frac{2}{n}\right)+\cdots\cdots+\frac{1}{n}\cdot f\left(\frac{n}{n}\right)$$

$$=\frac{1}{n}\left\{f\left(\frac{1}{n}\right)+f\left(\frac{2}{n}\right)+\cdots\cdots+f\left(\frac{n}{n}\right)\right\}=\frac{1}{n}\sum_{k=1}^{n}f\left(\frac{k}{n}\right)$$

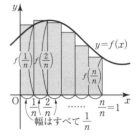

この n を $n\to\infty$ にすると，限りなく細長い長方形が限りなくできて，$0\leqq x\leqq 1$ で曲線と x 軸ではさまれた部分の面積と等しくなる。（このような面積の求め方を区分求積法という。）

・したがって，次の公式が成り立つ。

これで　解決！

数列の和の極限と
定　積　分　⟹　$\displaystyle\lim_{n\to\infty}\frac{1}{n}\sum_{k=1}^{n}f\left(\frac{k}{n}\right)=\int_{0}^{1}f(x)\,dx$

└── ここに $\frac{1}{n}$ を必ずもってくるのが point

練習61　定積分を利用して，次の極限値を求めよ。

(1)　$\displaystyle\lim_{n\to\infty}\frac{1}{n\sqrt{n}}(\sqrt{2}+\sqrt{4}+\cdots\cdots+\sqrt{2n})$　〈芝浦工大〉

(2)　$\displaystyle\lim_{n\to\infty}\frac{1}{n}\sqrt[n]{(n+1)(n+2)\cdots\cdots(n+n)}$　〈早稲田大〉

62 定積分と不等式

(1) $0 \leq x \leq 1$ のとき，$1 \leq 1+x^2 \leq 1+x$ であることを示せ。

(2) $\log 2 < \displaystyle\int_0^1 \frac{dx}{1+x^2} < 1$ を証明せよ。　　　　〈静岡大〉

解 (1) $0 \leq x \leq 1$ の各辺に x を掛けると

$$0 \leq x^2 \leq x$$

各辺に 1 を加えて

$$1 \leq x^2 + 1 \leq x + 1$$

←不等式では $x=0$ のとき
等号が成り立つ。

(2) $1 \leq 1+x^2 \leq 1+x$ の逆数をとると

$$\frac{1}{1+x} \leq \frac{1}{1+x^2} \leq 1$$

等号は $x=0$，1 のときだけだから

$$\int_0^1 \frac{dx}{1+x} < \int_0^1 \frac{dx}{1+x^2} < \int_0^1 dx$$

$$\Big[\log(1+x)\Big]_0^1 < \int_0^1 \frac{dx}{1+x^2} < \Big[x\Big]_0^1$$

よって，$\log 2 < \displaystyle\int_0^1 \frac{dx}{1+x^2} < 1$

←区間 $[0,\ 1]$ の定積分で
は等号はつかない。

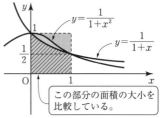

この部分の面積の大小を
比較している。

アドバイス

・定積分を間にはさんだ不等式の証明では，まず，ある区間で成り立つ不等式があり，
次に，これをその区間で定積分するパターンが多い。

・たいていの入試問題は定積分をする前の不等式が問題の中で示されているが，まれ
に自分で不等式を考えなければならないものもある。

注 $x = \tan\theta$ とおく置換積分で $\displaystyle\int_0^1 \frac{dx}{1+x^2} = \frac{\pi}{4}$ は求められるが，$\log 2 < \dfrac{\pi}{4}$ は示せない。

これで 解決！

定積分
と
不等式 ⟹

$a \leq x \leq b$ で $g(x) \leq f(x) \leq h(x)$ （つねには等しくない）

のとき

$$\int_a^b g(x)\,dx < \int_a^b f(x)\,dx < \int_a^b h(x)\,dx$$　が成り立つ

練習62 (1) 次の定積分の値を求めよ。$\displaystyle\int_0^{\frac{1}{\sqrt{2}}} \frac{1}{\sqrt{1-x^2}}\,dx$

(2) n を 2 以上の自然数とするとき，次の不等式が成り立つことを示せ。

$$\frac{1}{\sqrt{2}} \leq \int_0^{\frac{1}{\sqrt{2}}} \frac{1}{\sqrt{1-x^n}}\,dx \leq \frac{\pi}{4}$$　　　　〈大阪市立大〉

63　定積分と数列の不等式

不等式　$\log(n+1)<1+\dfrac{1}{2}+\dfrac{1}{3}+\cdots\cdots+\dfrac{1}{n}$ を証明せよ。　〈金沢大〉

解　関数 $f(x)=\dfrac{1}{x}$ $(x>0)$ で考える。

$\Leftarrow 1+\dfrac{1}{2}+\dfrac{1}{3}+\cdots\cdots+\boxed{\dfrac{1}{n}}$ だから

$f(x)=\dfrac{1}{x}$ は減少関数である。

$f(x)=\boxed{\dfrac{1}{x}}$ で考える。

自然数 k に対して

$k\leqq x\leqq k+1$ において，$\dfrac{1}{x}\leqq\dfrac{1}{k}$

$\Leftarrow \displaystyle\int_{k}^{k+1}\dfrac{1}{k}\,dx=\left[\dfrac{1}{k}x\right]_{k}^{k+1}=\dfrac{1}{k}$

$k<x$ では $\dfrac{1}{x}<\dfrac{1}{k}$ だから

$$\int_{k}^{k+1}\dfrac{1}{x}\,dx<\int_{k}^{k+1}\dfrac{1}{k}\,dx$$

よって，$\displaystyle\int_{k}^{k+1}\dfrac{1}{x}\,dx<\dfrac{1}{k}$

$k=1,\ 2,\ \cdots,\ n$

を代入して辺々加えると

$$\int_{1}^{2}\dfrac{1}{x}\,dx+\int_{2}^{3}\dfrac{1}{x}\,dx+\cdots+\int_{n}^{n+1}\dfrac{1}{x}\,dx<1+\dfrac{1}{2}+\dfrac{1}{3}+\cdots+\dfrac{1}{n}$$

ここで，$(左辺)=\displaystyle\int_{1}^{n+1}\dfrac{1}{x}\,dx=\left[\log x\right]_{1}^{n+1}=\log(n+1)$

ゆえに，$\log(n+1)<1+\dfrac{1}{2}+\dfrac{1}{3}+\cdots\cdots+\dfrac{1}{n}$

アドバイス

・和が求められない数列を含む不等式では，数列の一般項 a_n を見て，面積を比較する関数を考える。一般には n を x に置き換えた関数で考える。関数が見つかったら，区間 $k\leqq x\leqq k+1$ における面積を次の要領で比較する。さらに，$k=1,\ 2,\ 3,$ $\cdots\cdots,\ n$（$0\sim n-1$ のときもある）を代入して辺々加える。

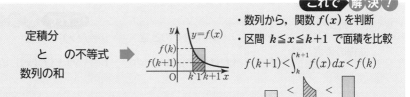

定積分
　　と　　の不等式　$\Rightarrow$
数列の和

これで　解決！

・数列から，関数 $f(x)$ を判断
・区間 $k\leqq x\leqq k+1$ で面積を比較

$$f(k+1)<\int_{k}^{k+1}f(x)\,dx<f(k)$$

練習63　自然数 n に対して

$$2\sqrt{n+1}-2<1+\dfrac{1}{\sqrt{2}}+\dfrac{1}{\sqrt{3}}+\cdots\cdots+\dfrac{1}{\sqrt{n}}\leqq 2\sqrt{n}-1$$

が成り立つことを示せ。

〈お茶の水女子大〉

64 曲線の長さ（道のり）

(1) 曲線 $y=\dfrac{2}{3}(x+1)^{\frac{3}{2}}$ の $-1\leqq x\leqq 2$ に対応する長さを求めよ。

〈山口大〉

(2) 媒介変数 t を用いて表された曲線 $C: x=\sqrt{3}\,t^2,\ y=t-t^3$

$(0\leqq t\leqq 1)$ について，曲線 C の長さを求めよ。　〈東京都立大〉

解

(1) 求める長さを L とすると

$y'=(x+1)^{\frac{1}{2}}$ だから

$L=\displaystyle\int_{-1}^{2}\sqrt{1+\{(x+1)^{\frac{1}{2}}\}^2}\,dx$

$=\displaystyle\int_{-1}^{2}\sqrt{x+2}\,dx$

$=\Big[\dfrac{2}{3}(x+2)^{\frac{3}{2}}\Big]_{-1}^{2}=\dfrac{\mathbf{14}}{\mathbf{3}}$

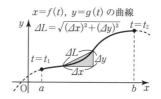
$x=f(t),\ y=g(t)$ の曲線
$\Delta L=\sqrt{(\Delta x)^2+(\Delta y)^2}$

(2) 曲線 C の長さを L とすると

$\dfrac{dx}{dt}=2\sqrt{3}\,t,\ \dfrac{dy}{dt}=1-3t^2$ だから

$L=\displaystyle\int_{0}^{1}\sqrt{(2\sqrt{3}\,t)^2+(1-3t^2)^2}\,dt$

$=\displaystyle\int_{0}^{1}\sqrt{(1+3t^2)^2}\,dt$

$=\displaystyle\int_{0}^{1}(1+3t^2)\,dt$

$=\Big[t+t^3\Big]_{0}^{1}=\mathbf{2}$

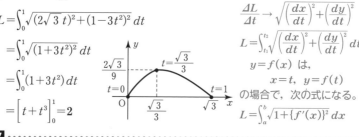

←$\Delta t\to 0$ のとき

$\dfrac{\Delta x}{\Delta t}\to\dfrac{dx}{dt},\ \dfrac{\Delta y}{\Delta t}\to\dfrac{dy}{dt}$

$\dfrac{\Delta L}{\Delta t}\to\sqrt{\left(\dfrac{dx}{dt}\right)^2+\left(\dfrac{dy}{dt}\right)^2}$

$L=\displaystyle\int_{t_1}^{t_2}\sqrt{\left(\dfrac{dx}{dt}\right)^2+\left(\dfrac{dy}{dt}\right)^2}\,dt$

$y=f(x)$ は，

$\qquad x=t,\ y=f(t)$

の場合で，次の式になる。

$L=\displaystyle\int_{a}^{b}\sqrt{1+\{f'(x)\}^2}\,dx$

アドバイス ∙∙

• $y=f(x)$ や $x=f(t),\ y=g(t)$ の曲線の長さ（道のり）を求めるには，公式に代入すればよい。どのようにして公式が導かれるかはあまり問題にされないから，"曲線の長さは公式暗記"で対処できる。

これで 解決！

曲線の長さ ➡

$x=f(t),\ y=g(t)$ のとき

$L=\displaystyle\int_{t_1}^{t_2}\sqrt{\{f'(t)\}^2+\{g'(t)\}^2}\,dt$

$y=f(x)$ のとき

$L=\displaystyle\int_{a}^{b}\sqrt{1+\{f'(x)\}^2}\,dx$

練習64 曲線 C が媒介変数 t を用いて，$C: x=t+\sin t,\ y=1-\cos t\ (0\leqq t\leqq\pi)$ で与えられているとき，曲線 C の長さを求めよ。　〈同志社大〉

65　水面の上昇速度

曲線 $y=\log x$ と x, y 軸および $y=10$ で囲まれる領域を y 軸のまわりに回転して得られる器へ毎秒 v の水を入れる。次の問いに答えよ。

(1)　水の深さが $y=h$ のときの水の体積を求めよ。

(2)　水の深さが h のときの水面の上昇速度を求めよ。　　　〈信州大〉

解　(1)　$y=\log x \longrightarrow x=e^y$ と表せるから

求める体積を V とすると

$$V=\pi\int_0^h x^2\,dy=\pi\int_0^h (e^y)^2\,dy=\pi\int_0^h e^{2y}\,dy$$

$$=\pi\left[\frac{1}{2}e^{2y}\right]_0^h=\frac{\pi}{2}(e^{2h}-1)$$

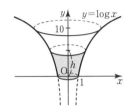

(2)　(1)の式の両辺を t で微分すると

$$\frac{dV}{dt}=\pi e^{2h}\frac{dh}{dt}$$

毎秒 v の水を入れるから，t 秒後の体積は

$$V=vt \quad \text{よって，} \frac{dV}{dt}=v$$

←h は t の関数だから，合成関数の微分になる。
$$\frac{dV}{dt}=\frac{dV}{dh}\cdot\frac{dh}{dt}$$

ゆえに，$v=\pi e^{2h}\dfrac{dh}{dt}$ より $\dfrac{dh}{dt}=\dfrac{v}{\pi e^{2h}}$

アドバイス ・・・

・水面の上昇速度の問題は物理への応用になるが，苦手とする分野であろう。体積 V，水面の高さ h，水面の面積 S は，t の変化にともなって変化するからすべて t の関数である。したがって，それぞれの変化率は，次のように関連している。

これで　解決！

容器に水をそそぐ問題；水面の高さや面積，体積の変化率（変化の速さ）	体積 V の変化率 ········ $\dfrac{dV}{dt}$	$\dfrac{dV}{dt}=\dfrac{dV}{dh}\cdot\dfrac{dh}{dt}$
	水面の高さ h の変化率 ···· $\dfrac{dh}{dt}$	$\dfrac{dS}{dt}=\dfrac{dS}{dh}\cdot\dfrac{dh}{dt}$
	水面の面積 S の変化率 ···· $\dfrac{dS}{dt}$	

■**練習65**　曲線 $y=x^2$ を y 軸のまわりに回転してできる容器がある。この容器に毎秒 a の水を入れる。t 秒後の水面の高さを h とするとき，次の問いに答えよ。

(1)　水の体積 V を h で表せ。

(2)　水面の上昇する速さ $\dfrac{dh}{dt}$ を a と h で表せ。

(3)　水面の半径を r，面積を S とするとき，半径と面積の変化率 $\dfrac{dr}{dt}$，$\dfrac{dS}{dt}$ を a と h で表せ。　　　〈大分大〉

こ　た　え

1 (1)　$a=2,\ b=-2$

(2)

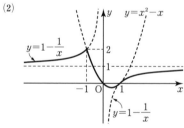

$$x<-\frac{1}{2},\ 0<x<\frac{5}{2}$$

2 (1)　$-\dfrac{3}{2}\leqq x<2+\sqrt{6}$

(2)　$0\leqq x<\dfrac{2+\sqrt{2}}{2}$

3 (1)　$y=-\dfrac{1}{3}x^2+\dfrac{8}{3}x-4\quad(x\geqq4)$

(2)　(i)　$y=\dfrac{x+4}{2x-3}$

(ii)　$y=\log\left(\dfrac{x+\sqrt{x^2+4}}{2}\right)$

4 (1)　$a=3,\ b=-5,\ c=-3$

(2)　$f(f(x))=x,\ x=0,\ 2$

5 (1)　2　　(2)　$\dfrac{1}{2}$　　(3)　∞　　(4)　$\dfrac{1}{4}$

(5)　発散（振動）する

6 (1)　$\dfrac{13}{4}$　　(2)　-1

7 (1)　0　　(2)　0　　(3)　$\dfrac{2}{3}$

8 (1)　$\begin{cases}1\ (-1<r<1)\\0\ (r<-1,\ 1\leqq r)\\ \text{発散}\ (r=-1)\end{cases}$

(2)　$\begin{cases}-9\ (-3<r<3)\\\dfrac{1}{r}\ (r<-3,\ 3<r)\\-2\ (r=3)\end{cases}$

9 (1)　$a_n=\dfrac{3}{2}\left\{1-\left(\dfrac{1}{3}\right)^{n-1}\right\},\ \lim_{n\to\infty}a_n=\dfrac{3}{2}$

(2)　$a_n=\dfrac{1}{\left(\dfrac{1}{2}\right)^{n-1}+3},\ \lim_{n\to\infty}a_n=\dfrac{1}{3}$

10 (1)　略　　(2)　略　　(3)　略

11 (1)　発散する　　(2)　収束し，和は $\dfrac{1}{2}$

(3)　発散する　　(4)　発散する

12　$0<x<\dfrac{\pi}{4},\ x=\dfrac{\pi}{6}$

13 (1)　$\dfrac{12}{5}$　　(2)　$a_n=16\cdot\left(\dfrac{9}{25}\right)^n$　　(3)　9

14 (1)　$-\dfrac{2}{3}$　　(2)　$\sqrt{2}$　　(3)　$\dfrac{1}{3}$

(4)　$-\dfrac{3}{2}$

15 (1)　$a=7,\ b=4$

(2)　$a=0,\ b=1,\ c=-2,\ d=1$

16 (1)　∞　　(2)　0　　(3)　極限はない

(4)　∞　　(5)　$\dfrac{1}{2}$

(6)　$a>1$ のとき $-\infty$

$0<a<1$ のとき ∞

17 (1)　① 2　　② 2　　③ 2

④　$-\dfrac{1}{2\pi}$

(2)　略

18 (1)　$\dfrac{1}{e^2}$　　(2)　2　　(3)　1　　(4)　$\log a$

19 (1)　$a=1,\ b=-1$

(2)

20 (1)　1　　(2)　1　　(3)　∞

21　略

22 (1)　8　　(2)　8

23　$a=6,\ b=-2$

24 (1)　$3x^2-4x-3$

(2)　$-5x^4-3x^2+2x+2$

(3)　$-\dfrac{2}{(x-1)^2}$　　(4)　$\dfrac{x^2(x^2-3)}{(x^2-1)^2}$

25 (1)　$-\dfrac{2}{3\sqrt[3]{(1-2x)^2}}$　　(2)　$\dfrac{x^2(4x^2+3)}{\sqrt{1+x^2}}$

(3) $\dfrac{1}{(x^2+1)\sqrt{x^2+1}}$

(4) $-\dfrac{2}{(x+2)\sqrt{4-x^2}}$

26 (1) 略 (2) $\dfrac{dy}{dx}=-\dfrac{1}{x^2+1}$

27 (1) ① $2x\cos x^2-2\sin x\cos x$

② $-\sin x\cos(\cos x)$

③ $a\cos 2ax$

④ $\dfrac{8}{(\sin x+3\cos x)^2}$

(2) $1+\tan^2 x$

28 (1) $\dfrac{1}{2\sqrt{x}}(\log x+2)$ (2) $\dfrac{1}{x\log 2}$

(3) $7^x\log 7$ (4) $\left(1-\dfrac{1}{x}\right)e^{\frac{1}{x}}$

(5) $\dfrac{1}{x\log x}$

(6) $x^{\sin x}\left(\cos x\log x+\dfrac{1}{x}\sin x\right)$

29 (1) 略 (2) 略

30 (1) $y=-2x+6$ (2) $y=\dfrac{1}{2e}x$

31 (1) $\dfrac{\pi}{6}$ (2) $k=\dfrac{3\sqrt{3}}{2}$

32 (1) $\dfrac{dy}{dx}=\dfrac{2t-1}{2t+1}$, $y=\dfrac{1}{3}x-\dfrac{4}{3}$

(2) $\dfrac{dy}{dx}=-\tan t$, $y=-\sqrt{3}\,x+\dfrac{\sqrt{3}}{2}$

33 (1) 極小値 -26 $(x=3)$

変曲点 $(0,\ 1)$, $(2,\ -15)$

(2) 極小値 $-\dfrac{1}{e^2}$ $(x=-2)$

変曲点 $\left(-3,\ -\dfrac{2}{e^3}\right)$

34 (1) 極小値 $\dfrac{3}{4}$ $(x=2)$, 変曲点 $\left(3,\ \dfrac{7}{9}\right)$

漸近線は $x=0$, $y=1$

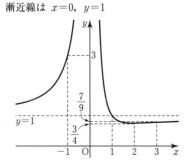

35 (1) 極大値 1 $(x=0)$

変曲点 $\left(\dfrac{1}{\sqrt{2}},\ \dfrac{1}{\sqrt{e}}\right)$, $\left(-\dfrac{1}{\sqrt{2}},\ \dfrac{1}{\sqrt{e}}\right)$

$\displaystyle\lim_{x\to\infty}e^{-x^2}=0$, $\displaystyle\lim_{x\to-\infty}e^{-x^2}=0$

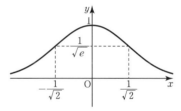

(2) 極大値 $\dfrac{1}{e}$ $(x=e)$

変曲点 $\left(e^{\frac{3}{2}},\ \dfrac{3}{2}e^{-\frac{3}{2}}\right)$

$\displaystyle\lim_{x\to\infty}\dfrac{\log x}{x}=0$, $\displaystyle\lim_{x\to+0}\dfrac{\log x}{x}=-\infty$

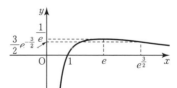

36 最大値 $\dfrac{5}{6}\pi+\dfrac{\sqrt{3}}{2}$ $\left(x=\dfrac{5}{6}\pi\right)$

最小値 $\dfrac{\pi}{6}-\dfrac{\sqrt{3}}{2}$ $\left(x=\dfrac{\pi}{6}\right)$

(2) 極大値 2 $(x=1)$,

極小値 -2 $(x=-1)$

変曲点 $(-\sqrt{3},\ -\sqrt{3})$, $(0,\ 0)$,

$(\sqrt{3},\ \sqrt{3})$

漸近線は $y=0$

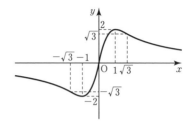

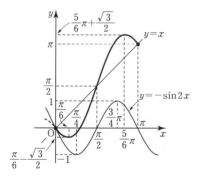

37 $1:(-1+\sqrt{5})$

38 (1)

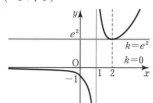

(2) $0 \leqq k < e^2$ のとき 　　0 個

$k < 0,\ k = e^2$ のとき 　1 個

$k > e^2$ のとき 　　　2 個

39 (1) (i) 略 (ii) 略 (2) 略

40 (1) 略 (2) 略 (3) 略

41 略

42 (1) $\dfrac{2}{5}x^2\sqrt{x} - x^2 + C$

(2) $\dfrac{2}{3}x\sqrt{x} - 4\sqrt{x} - \dfrac{2}{\sqrt{x}} + C$

(3) $-\dfrac{1}{x} + \log x + \dfrac{1}{2}\sin 2x + C$

(4) $\dfrac{5^x}{\log 5} + C$

(5) $\tan x - x + C$

(6) $e^{x-1} + \dfrac{2^{x+1}}{\log 2} + C$

43 (1) $\dfrac{2}{5}(x+1)(3x-2)\sqrt{3x-2} + C$

(2) $-\dfrac{1}{2}e^{1-x^2} + C$

(3) $\dfrac{1}{2}(\log x)^2 + C$

(4) $\dfrac{1}{2}\log\left|\dfrac{e^x-1}{e^x+1}\right| + C$

44 (1) $\dfrac{1}{2}x^2\log x - \dfrac{1}{4}x^2 + C$

(2) $x\sin x + \cos x + C$

(3) $e^x(x^2 - 2x + 2) + C$

(4) $-\dfrac{1}{2}e^{-x}(\sin x + \cos x) + C$

45 (1) $-\dfrac{1}{10}\cos 5x + \dfrac{1}{2}\cos x + C$

(2) $\dfrac{1}{3}\cos^3 x - \cos x + C$

46 (1) $1 - \log 2$

(2) $2\log 3 - 3\log 2$

47 (1) $\dfrac{20}{3}$ 　(2) $\log\dfrac{4}{3}$

(3) $\dfrac{1}{2}\left(1 - \dfrac{1}{e}\right)$ 　(4) $\dfrac{2}{3}$

48 (1) 1 　(2) $\dfrac{1}{4}\left(1 - \dfrac{3}{e^2}\right)$

(3) π 　(4) $\dfrac{1}{2}(e^\pi + 1)$

49 (1) $\dfrac{1}{16}\left(\dfrac{\pi}{3} - \dfrac{\sqrt{3}}{4}\right)$ 　(2) $\dfrac{\pi}{12}$

50 $x = \log\dfrac{e+1}{2}$ のとき，最小値は

$e - (e+1)\log\dfrac{e+1}{2}$

51 $f(x) = x^2 + \dfrac{5}{3} - \dfrac{3}{e}$

$g(x) = e^{-x} + \left(2 - \dfrac{3}{e}\right)x$

52 $f(x) = \sin x$

$F(x) = -\sin x + \dfrac{1}{2}x$

53 (1) $\dfrac{1}{6}$ 　(2) $2\sqrt{2}\,(\log 2\sqrt{2} - 1) + 1$

(3) $1 - 3\log\dfrac{\sqrt{3}}{2}$

54 (1) $\dfrac{1}{2}e - 1$

(2) $c = \dfrac{1}{2e}$, 面積は $\dfrac{2}{3}\sqrt{e} - 1$

55 $k = 2 - \sqrt{2}$

56 (1) $a = \sqrt{3} - \dfrac{\pi}{3}$

(2) $\dfrac{3\sqrt{3}}{2}\pi - \dfrac{2}{3}\pi^2$

57 $\dfrac{\pi}{4}(\pi + 6)$

58 (1) $\pi(e-2)$

(2) $\left(12\log 2-\dfrac{7}{2}\right)\pi$

(3) $\dfrac{\pi}{4}(\pi^2-8)$

59 $\dfrac{2}{3}$

60 $S=\pi ab, \quad V=\dfrac{4}{3}\pi ab^2$

61 (1) $\dfrac{2\sqrt{2}}{3}$ (2) $\dfrac{4}{e}$

62 (1) $\dfrac{\pi}{4}$ (2) 略

63 略

64 4

65 (1) $V=\dfrac{1}{2}\pi h^2$

(2) $\dfrac{dh}{dt}=\dfrac{a}{\pi h}$

(3) $\dfrac{dr}{dt}=\dfrac{a}{2\pi h^{\frac{3}{2}}}, \quad \dfrac{dS}{dt}=\dfrac{a}{h}$

1 (1) $y=\dfrac{ax+b}{2x+1}$ …① が $(1, 0)$ を通る

から

$\dfrac{a+b}{3}=0$　より　$b=-a$

$y=\dfrac{ax-a}{2x+1}=\dfrac{a}{2}-\dfrac{\frac{3}{2}a}{2x+1}$

直線 $y=1$ を漸近線にもつから

$\dfrac{a}{2}=1$　よって，$\boldsymbol{a=2,\ b=-2}$

(2) $y=-\dfrac{3}{2x+1}+1$ のグラフは下図

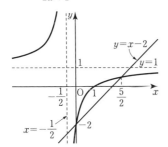

直線 $y=x-2$ との交点は

$\dfrac{2x-2}{2x+1}=x-2$　より

$(2x+1)(x-2)=2x-2$

$2x^2-5x=0,\ x(2x-5)=0$

よって，$x=0,\ \dfrac{5}{2}$

上のグラフより

$\boldsymbol{x<-\dfrac{1}{2},\ 0<x<\dfrac{5}{2}}$

2 (1) $y=\sqrt{2x+3}$ と $y=x-1$ のグラフ
は次図のようになる。

グラフの交点は

$\sqrt{2x+3}=x-1$ の両辺を2乗すると

$2x+3=x^2-2x+1$

$x^2-4x-2=0$　より　$x=2\pm\sqrt{6}$

グラフより　$-\dfrac{3}{2}\leqq x<2+\sqrt{6}$

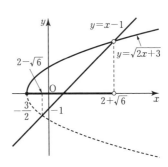

(2) $y=\sqrt{2x-x^2}$ のグラフは，
両辺を2乗して

$y^2=2x-x^2\ (y\geqq0)$　より

円 $(x-1)^2+y^2=1$ の上半分である。

グラフは次のようになる。

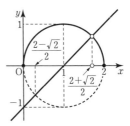

グラフの交点は

$\sqrt{2x-x^2}=x-1$ の両辺を2乗すると

$2x-x^2=x^2-2x+1$

$2x^2-4x+1=0$　より　$x=\dfrac{2\pm\sqrt{2}}{2}$

グラフより　$0\leqq x<\dfrac{2+\sqrt{2}}{2}$

3 (1) $y=f(x)=\sqrt{4-3x}+4$ …① とお
くと①の値域は

$\sqrt{4-3x}\geqq0$　より　$y\geqq4$

よって，逆関数の定義域は　$x\geqq4$

逆関数は①を x について解く。

$y-4=\sqrt{4-3x}$

として両辺を2乗すると

$(y-4)^2=4-3x$

$3x=4-(y^2-8y+16)$

$$x=-\frac{1}{3}y^2+\frac{8}{3}y-4$$

x と y を入れかえて

$$y=-\frac{1}{3}x^2+\frac{8}{3}x-4 \quad (x\geqq4)$$

(2)（i）$y=\dfrac{3x+4}{2x-1}$ を x について解く。

$$y(2x-1)=3x+4$$
$$x(2y-3)=y+4$$
$$x=\frac{y+4}{2y-3}$$

逆関数は x と y を入れかえて，

$$y=\frac{x+4}{2x-3}$$

（ii）$y=e^x-e^{-x}$ を x について解く。

両辺に e^x を掛けると

$$e^x y=(e^x)^2-1$$
$$(e^x)^2-y\cdot e^x-1=0 \quad\cdots\cdots①$$

$e^x=X \ (X>0)$ とおくと

$$X^2-yX-1=0$$
$$X=\frac{y\pm\sqrt{y^2+4}}{2}$$

$X>0$ だから $X=e^x=\dfrac{y+\sqrt{y^2+4}}{2}$

自然対数をとると

$$x=\log\left(\frac{y+\sqrt{y^2+4}}{2}\right)$$

逆関数は x と y を入れかえて，

$$y=\log\left(\frac{x+\sqrt{x^2+4}}{2}\right)$$

（参考）

$e^x=X$ とおかないで①の式から

$$e^x=\frac{y\pm\sqrt{y^2+4}}{2}$$

とそのまま求めてもよい。

4（1）$f(x)=\dfrac{2x+1}{x+1}$, $g(x)=\dfrac{x-2}{x-1}$ より

$$f(g(x))=\frac{2g(x)+1}{g(x)+1}$$

$$=\frac{2\cdot\dfrac{x-2}{x-1}+1}{\dfrac{x-2}{x-1}+1}$$

$$=\frac{3x-5}{2x-3}$$

分母・分子に $x-1$ を掛ける。

よって，$a=3$, $b=-5$, $c=-3$

(2) $f(x)=1+\dfrac{1}{x-1}=\dfrac{x}{x-1}$ より

$$f(f(x))=\frac{f(x)}{f(x)-1}=\frac{\dfrac{x}{x-1}}{\dfrac{x}{x-1}-1}$$

$$=\frac{x}{x-(x-1)}=x$$

$f(f(x))=f(x)$ より

$$x=\frac{x}{x-1},\quad x^2-x=x$$
$$x(x-2)=0$$

よって，$x=0$, 2

5（1）$\displaystyle\lim_{n\to\infty}\frac{(n-3)(2n+1)}{n^2-n}$

$$=\lim_{n\to\infty}\frac{\left(1-\dfrac{3}{n}\right)\left(2+\dfrac{1}{n}\right)}{1-\dfrac{1}{n}}$$

$$=2$$

別解

$$（与式）=\lim_{n\to\infty}\frac{2n^2-5n-3}{n^2-n}$$

$$=\lim_{n\to\infty}\frac{2-\dfrac{5}{n}-\dfrac{3}{n^2}}{1-\dfrac{1}{n}}$$

$$=2$$

(2) $\displaystyle\lim_{n\to\infty}(\sqrt{n^2+n}-n)$

$$=\lim_{n\to\infty}\frac{(\sqrt{n^2+n}-n)(\sqrt{n^2+n}+n)}{\sqrt{n^2+n}+n}$$

$$=\lim_{n\to\infty}\frac{n^2+n-n^2}{\sqrt{n^2+n}+n}$$

$$=\lim_{n\to\infty}\frac{n}{\sqrt{n^2+n}+n}$$

$$=\lim_{n\to\infty}\frac{1}{\sqrt{1+\dfrac{1}{n}}+1}$$

$$=\frac{1}{2}$$

(3) $\displaystyle\lim_{n\to\infty}(n-2\sqrt{n})$

$$=\lim_{n\to\infty}n\left(1-\frac{2}{\sqrt{n}}\right)$$

$$=\infty$$

(4) $\displaystyle\lim_{n\to\infty} n\left(\sqrt{4+\dfrac{1}{n}}-2\right)$

$\displaystyle=\lim_{n\to\infty}\dfrac{n\left(\sqrt{4+\dfrac{1}{n}}-2\right)\left(\sqrt{4+\dfrac{1}{n}}+2\right)}{\sqrt{4+\dfrac{1}{n}}+2}$

$\displaystyle=\lim_{n\to\infty}\dfrac{n\left(4+\dfrac{1}{n}-4\right)}{\sqrt{4+\dfrac{1}{n}}+2}$

$\displaystyle=\lim_{n\to\infty}\dfrac{1}{\sqrt{4+\dfrac{1}{n}}+2}$

$=\dfrac{1}{4}$

(5) (i) $n=2m$ のとき

$\displaystyle\lim_{n\to\infty}\cos n\pi=\lim_{m\to\infty}\cos 2m\pi=1$

(ii) $n=2m-1$ のとき

$\displaystyle\lim_{n\to\infty}\cos n\pi=\lim_{m\to\infty}\cos(2m-1)\pi$

$\qquad=-1$

よって，**発散（振動）**する。

6 (1) （分子）$\displaystyle=\sum_{k=1}^{3n}k^2-\sum_{k=1}^{n}k^2$

$\displaystyle=\dfrac{3n(3n+1)(6n+1)}{6}$

$\displaystyle\qquad-\dfrac{n(n+1)(2n+1)}{6}$

$\displaystyle=\dfrac{n}{6}\{(54n^2+27n+3)$

$\qquad-(2n^2+3n+1)\}$

$\displaystyle=\dfrac{n}{3}(26n^2+12n+1)$

（分母）$\displaystyle=\sum_{k=1}^{2n}k^2=\dfrac{2n(2n+1)(4n+1)}{6}$

$\displaystyle\qquad=\dfrac{n(8n^2+6n+1)}{3}$

よって

$\displaystyle（与式）=\lim_{n\to\infty}\dfrac{（分子）}{（分母）}$

$\displaystyle=\lim_{n\to\infty}\dfrac{26n^2+12n+1}{8n^2+6n+1}$

$\displaystyle=\lim_{n\to\infty}\dfrac{26+\dfrac{12}{n}+\dfrac{1}{n^2}}{8+\dfrac{6}{n}+\dfrac{1}{n^2}}=\dfrac{\mathbf{13}}{\mathbf{4}}$

別解

分子の一般項を $a_k=(n+k)^2$ とすると

（分子）$\displaystyle=\sum_{k=1}^{2n}(n+k)^2$

$\displaystyle=\sum_{k=1}^{2n}(n^2+2nk+k^2)$

$\displaystyle=n^2\sum_{k=1}^{2n}1+2n\sum_{k=1}^{2n}k+\sum_{k=1}^{2n}k^2$

$\displaystyle=n^2\cdot 2n+2n\cdot\dfrac{2n(2n+1)}{2}$

$\displaystyle\qquad+\dfrac{2n(2n+1)(4n+1)}{6}$

$\displaystyle=\dfrac{n}{3}\{6n^2+6n(2n+1)$

$\qquad+(2n+1)(4n+1)\}$

$\displaystyle=\dfrac{n}{3}(26n^2+12n+1)$

(2) $n+(n+1)+(n+2)+\cdots+(2n)$

$\displaystyle=\sum_{k=1}^{2n}k-\sum_{k=1}^{n-1}k$

$\displaystyle=\dfrac{2n(2n+1)}{2}-\dfrac{n(n-1)}{2}$

$\displaystyle=\dfrac{3n^2+3n}{2}$

$\left(\begin{array}{l}\text{または}\\ \quad n+(n+1)+(n+2)+\cdots+(2n)\\ =\displaystyle\sum_{k=0}^{n}(n+k)=\sum_{k=1}^{n}(n+k)+n\\ =n^2+\dfrac{n(n+1)}{2}+n=\dfrac{3n^2+3n}{2}\end{array}\right)$

$\displaystyle（与式）=\lim_{n\to\infty}\left(\log_2\dfrac{3n^2+3n}{2}-\log_2 3n^2\right)$

$\displaystyle=\lim_{n\to\infty}\log_2\dfrac{3n^2+3n}{2\cdot 3n^2}$

$\displaystyle=\lim_{n\to\infty}\log_2\dfrac{3+\dfrac{3}{n}}{6}$

$\displaystyle=\log_2\dfrac{1}{2}=\mathbf{-1}$

7 (1) $-1\leqq(-1)^n\leqq 1$ だから

$1\leqq 2+(-1)^n\leqq 3$

$\dfrac{1}{n}\leqq\dfrac{2+(-1)^n}{n}\leqq\dfrac{3}{n}$

ここで，$\displaystyle\lim_{n\to\infty}\dfrac{1}{n}=0$，$\displaystyle\lim_{n\to\infty}\dfrac{3}{n}=0$ だから

はさみうちの原理より

$$\lim_{n \to \infty} \frac{2+(-1)^2}{n} = 0$$

(2) 自然数 n に対して，

$0 \leqq \cos^2 \dfrac{n\pi}{3} \leqq 1$ だから

$$0 \leqq \frac{1}{n} \cos^2 \frac{n\pi}{3} \leqq \frac{1}{n}$$

ここで，$\displaystyle \lim_{n \to \infty} \frac{1}{n} = 0$

よって，はさみうちの原理より

$$\lim_{n \to \infty} \frac{1}{n} \cos^2 \frac{n\pi}{3} = 0$$

(3) m を整数として

$\left[\dfrac{2n+1}{3}\right] = m$ …① とすると

$m \leqq \dfrac{2n+1}{3} < m+1$ と表せる。

$$3m \leqq 2n+1 < 3m+3$$

$$\frac{3m-1}{2} \leqq n < \frac{3m+2}{2}$$

よって，$\dfrac{2}{3m+2} < \dfrac{1}{n} \leqq \dfrac{2}{3m-1}$ だから

①を各辺に掛けて

$$\frac{2}{3m+2} \cdot m < \frac{1}{n}\left[\frac{2n+1}{3}\right] \leqq \frac{2}{3m-1} \cdot m$$

ここで，

$$\lim_{m \to \infty} \frac{2m}{3m+2} = \lim_{m \to \infty} \frac{2}{3+\dfrac{2}{m}} = \frac{2}{3}$$

$$\lim_{m \to \infty} \frac{2m}{3m-1} = \lim_{m \to \infty} \frac{2}{3-\dfrac{1}{m}} = \frac{2}{3}$$

よって，はさみうちの原理より

$$\lim_{n \to \infty} \frac{1}{n}\left[\frac{2n+1}{3}\right] = \frac{2}{3}$$

8 (1) (i) $|r| < 1$ のとき

$$\lim_{n \to \infty} \frac{1-r^n}{1+r^{2n}} = \frac{1-0}{1+0} = 1$$

(ii) $|r| > 1$ のとき

$$\lim_{n \to \infty} \frac{1-r^n}{1+r^{2n}} = \lim_{n \to \infty} \frac{\dfrac{1}{r^{2n}} - \dfrac{1}{r^n}}{\dfrac{1}{r^{2n}} + 1}$$

$$= \frac{0-0}{0+1} = 0$$

(iii) $r = 1$ のとき

$$\lim_{n \to \infty} \frac{1-1}{1+1} = 0$$

(iv) $r = -1$ のとき

$$\lim_{n \to \infty} \frac{1-(-1)^n}{1+(-1)^{2n}} = \lim_{n \to \infty} \frac{1-(-1)^n}{2}$$

は 0 と 1 に振動するから発散である。

よって，

$$\lim_{n \to \infty} \frac{1-r^n}{1+r^{2n}} = \begin{cases} 1 & (-1 < r < 1) \\ 0 & (r < -1,\ 1 \leqq r) \\ \text{発散} & (r = -1) \end{cases}$$

(2) (i) $\left|\dfrac{r}{3}\right| < 1$ すなわち $|r| < 3$ のとき分母，分子を 3^{n-1} で割ると

$$\lim_{n \to \infty} \frac{r^{n-1}-3^{n+1}}{r^n+3^{n-1}} = \lim_{n \to \infty} \frac{\left(\dfrac{r}{3}\right)^{n-1} - 3^2}{r\left(\dfrac{r}{3}\right)^{n-1} + 1}$$

$$= -9$$

(ii) $\left|\dfrac{r}{3}\right| > 1$ すなわち $|r| > 3$ のとき分母，分子を r^{n-1} で割ると

$$\lim_{n \to \infty} \frac{r^{n-1}-3^{n+1}}{r^n+3^{n-1}} = \lim_{n \to \infty} \frac{1-3^2\left(\dfrac{3}{r}\right)^{n-1}}{r+\left(\dfrac{3}{r}\right)^{n-1}}$$

$$= \frac{1}{r}$$

(iii) $\dfrac{r}{3} = 1$ すなわち $r = 3$ のとき

$$\lim_{n \to \infty} \frac{3^{n-1}-3^{n+1}}{3^n+3^{n-1}} = \lim_{n \to \infty} \frac{\dfrac{1}{3}-3}{1+\dfrac{1}{3}} = -2$$

よって

$$\lim_{n \to \infty} \frac{r^{n-1}-3^{n+1}}{r^n+3^{n-1}} = \begin{cases} -9 & (-3 < r < 3) \\ \dfrac{1}{r} & (r < -3,\ 3 < r) \\ -2 & (r = 3) \end{cases}$$

9 (1) $a_{n+1} = \dfrac{1}{3}a_n + 1$ を

$a_{n+1} - \dfrac{3}{2} = \dfrac{1}{3}\left(a_n - \dfrac{3}{2}\right)$ と変形する。

数列 $\left\{a_n - \dfrac{3}{2}\right\}$ は，初項 $a_1 - \dfrac{3}{2} = -\dfrac{3}{2}$

公比 $\dfrac{1}{3}$ の等比数列だから

$$a_n - \dfrac{3}{2} = -\dfrac{3}{2}\left(\dfrac{1}{3}\right)^{n-1}$$

よって，$a_n = \dfrac{3}{2}\left\{1 - \left(\dfrac{1}{3}\right)^{n-1}\right\}$

ゆえに，

$$\lim_{n\to\infty} a_n = \lim_{n\to\infty} \dfrac{3}{2}\left\{1 - \left(\dfrac{1}{3}\right)^{n-1}\right\} = \dfrac{3}{2}$$

(2) $a_1 = \dfrac{1}{4}$, $2a_n - a_{n+1} - 3a_n a_{n+1} = 0$

より両辺を $a_n a_{n+1}$ $(\neq 0)$ で割ると

$$\dfrac{2}{a_{n+1}} - \dfrac{1}{a_n} - 3 = 0$$

$\dfrac{1}{a_n} = b_n$ とおくと

$$2b_{n+1} = b_n + 3, \quad b_1 = \dfrac{1}{a_1} = 4$$

$b_{n+1} - 3 = \dfrac{1}{2}(b_n - 3)$ と変形する。

数列 $\{b_n - 3\}$ は，初項 $b_1 - 3 = 4 - 3 = 1$

公比 $\dfrac{1}{2}$ の等比数列

よって，$b_n - 3 = 1 \cdot \left(\dfrac{1}{2}\right)^{n-1}$ より

$$b_n = \left(\dfrac{1}{2}\right)^{n-1} + 3$$

$$a_n = \dfrac{1}{b_n} = \dfrac{1}{\left(\dfrac{1}{2}\right)^{n-1} + 3}$$

ゆえに，$\displaystyle\lim_{n\to\infty} a_n = \lim_{n\to\infty} \dfrac{1}{\left(\dfrac{1}{2}\right)^{n-1} + 3} = \dfrac{1}{3}$

（参考）$a_n a_{n+1} \neq 0$ を厳密に示すと

$a_1 = \dfrac{1}{4} > 0$ だから $a_k > 0$ $(k \geqq 2)$

とすると $2a_k = a_{k+1}(1 + 3a_k)$ より

$$a_{k+1} = \dfrac{2a_k}{1 + 3a_k} > 0 \quad \text{となり}$$

$a_{k+1} a_k > 0$ $(\neq 0)$ が帰納的に示される。

10 (1) 〔Ⅰ〕 $n = 1$ のとき

$a_1 = 2 > \sqrt{2}$ で成り立つ。

〔Ⅱ〕 $n = k$ のとき

$a_k > \sqrt{2}$ が成り立つとすると

$n = k+1$ のとき

$$a_{k+1} - \sqrt{2} = \dfrac{1}{2}a_k + \dfrac{1}{a_k} - \sqrt{2}$$

$$= \dfrac{a_k{}^2 - 2\sqrt{2}\,a_k + 2}{2a_k}$$

$$= \dfrac{(a_k - \sqrt{2})^2}{2a_k} > 0$$

よって，$a_{k+1} > \sqrt{2}$ だから，$n = k+1$

のときにも成り立つ。

〔Ⅰ〕，〔Ⅱ〕より，すべての自然数 n に

対して $a_n > \sqrt{2}$ は成り立つ。

(2) $a_{n+1} - \sqrt{2} = \dfrac{1}{2}a_n + \dfrac{1}{a_n} - \sqrt{2}$

$$= \dfrac{a_n{}^2 - 2\sqrt{2}\,a_n + 2}{2a_n}$$

$$= \dfrac{(a_n - \sqrt{2})^2}{2a_n}$$

$$= \dfrac{a_n - \sqrt{2}}{a_n} \cdot \dfrac{1}{2}(a_n - \sqrt{2})$$

ここで，$a_n > \sqrt{2}$ より

$0 < \dfrac{a_n - \sqrt{2}}{a_n} < 1$ だから

$$a_{n+1} - \sqrt{2} < \dfrac{1}{2}(a_n - \sqrt{2}) \quad (n \geqq 1)$$

が成り立つ。

(3) (1)，(2)より

$$0 < a_n - \sqrt{2} < \dfrac{1}{2}(a_{n-1} - \sqrt{2})$$

$$< \left(\dfrac{1}{2}\right)^2 (a_{n-2} - \sqrt{2}) < \cdots$$

$$\cdots < \left(\dfrac{1}{2}\right)^{n-1}(a_1 - \sqrt{2})$$

ここで，$\displaystyle\lim_{n\to\infty}\left(\dfrac{1}{2}\right)^{n-1}(a_1 - \sqrt{2}) = 0$

はさみうちの原理より

$$\lim_{n\to\infty}(a_n - \sqrt{2}) = 0$$

よって，$\displaystyle\lim_{n\to\infty} a_n = \sqrt{2}$ である。

11 (1) $\dfrac{1}{\sqrt{n+1}+\sqrt{n}}=\sqrt{n+1}-\sqrt{n}$ だから

部分和を S_n とすると

$$S_n=(\sqrt{2}-1)+(\sqrt{3}-\sqrt{2})$$
$$+\cdots\cdots+(\sqrt{n+1}-\sqrt{n})$$
$$=\sqrt{n+1}-1$$

よって，$\displaystyle\sum_{n=1}^{\infty}\dfrac{1}{\sqrt{n+1}+\sqrt{n}}=\lim_{n\to\infty}S_n$

$$=\lim_{n\to\infty}(\sqrt{n+1}-1)=\infty$$

ゆえに，**発散する。**

(2) $\dfrac{2}{n(n+1)(n+2)}$

$$=\dfrac{1}{n(n+1)}-\dfrac{1}{(n+1)(n+2)}$$

だから，与式の部分和 S_n は

$$S_n=\left(\dfrac{1}{1\cdot2}-\dfrac{1}{2\cdot3}\right)+\left(\dfrac{1}{2\cdot3}-\dfrac{1}{3\cdot4}\right)$$
$$+\left(\dfrac{1}{3\cdot4}-\dfrac{1}{4\cdot5}\right)+\cdots$$
$$\cdots+\left(\dfrac{1}{n(n+1)}-\dfrac{1}{(n+1)(n+2)}\right)$$
$$=\dfrac{1}{2}-\dfrac{1}{(n+1)(n+2)}$$

よって，

$$\sum_{n=1}^{\infty}\dfrac{2}{n(n+1)(n+2)}=\lim_{n\to\infty}S_n$$
$$=\lim_{n\to\infty}\left(\dfrac{1}{2}-\dfrac{1}{(n+1)(n+2)}\right)=\dfrac{1}{2}$$

ゆえに，**収束し，和は $\dfrac{1}{2}$**

(3) 第 n 項 a_n は $a_n=\dfrac{2n-1}{3n+1}$

ここで，$\displaystyle\lim_{n\to\infty}a_n=\lim_{n\to\infty}\dfrac{2-\dfrac{1}{n}}{3+\dfrac{1}{n}}=\dfrac{2}{3}\neq0$

よって，**与式は発散する。**

(4) 部分和を S_n とすると

$n=2m-1$ のとき

$$S_{2m-1}=2+\left(-\dfrac{3}{2}+\dfrac{3}{2}\right)$$
$$+\cdots\cdots+\left(-\dfrac{m+1}{m}+\dfrac{m+1}{m}\right)$$
$$=2$$

よって，$\displaystyle\lim_{m\to\infty}S_{2m-1}=2$

$n=2m$ のとき

$$S_{2m}=\left(2-\dfrac{3}{2}\right)+\left(\dfrac{3}{2}-\dfrac{4}{3}\right)+\left(\dfrac{4}{3}-\dfrac{5}{4}\right)+$$
$$\cdots+\left(\dfrac{m+1}{m}-\dfrac{m+2}{m+1}\right)$$
$$=2-\dfrac{m+2}{m+1}=\dfrac{m}{m+1}$$

よって，$\displaystyle\lim_{m\to\infty}S_{2m}=\lim_{m\to\infty}\dfrac{m}{m+1}$

$$=\lim_{m\to\infty}\dfrac{1}{1+\dfrac{1}{m}}=1$$

ゆえに，$\displaystyle\lim_{m\to\infty}S_{2m-1}\neq\lim_{m\to\infty}S_{2m}$ だから

$\displaystyle\lim_{n\to\infty}S_n$ は存在しない。

したがって，**与式は発散する。**

12 与式は，初項 $\tan x$，公比 $\tan^2x$ の無限等比級数である。

また，$0<x<\dfrac{\pi}{2}$ だから $\tan x>0$

よって，収束する条件は

$$0<\tan^2x<1$$
$$(\tan x+1)(\tan x-1)<0$$

ゆえに，$0<\tan x<1$

これより $0<x<\dfrac{\pi}{4}$

級数の和が $\dfrac{\sqrt{3}}{2}$ だから

$$\dfrac{\tan x}{1-\tan^2x}=\dfrac{\sqrt{3}}{2}$$
$$\sqrt{3}\tan^2x+2\tan x-\sqrt{3}=0$$
$$(\sqrt{3}\tan x-1)(\tan x+\sqrt{3})=0$$

$\tan x>0$ より $\tan x=\dfrac{1}{\sqrt{3}}$

よって，$x=\dfrac{\pi}{6}$

13

(1) S_1 の 1 辺の長さを x とすると，上の図で $\triangle ABC \infty \triangle AB'C'$ だから
$AB : AB' = BC : B'C'$ より
$$4 : (4-x) = 6 : x$$
$$4x = 6(4-x) \quad \text{よって，} x = \frac{12}{5}$$

(2)

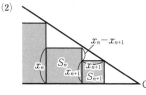

S_n の 1 辺を x_n，S_{n+1} の 1 辺を x_{n+1} とすると(1)と同様に
$$4 : (x_n - x_{n+1}) = 6 : x_{n+1}$$
$$4x_{n+1} = 6(x_n - x_{n+1}) \quad \text{より}$$
$$x_{n+1} = \frac{3}{5} x_n$$

数列 $\{x_n\}$ は $x_1 = \dfrac{12}{5}$，公比 $\dfrac{3}{5}$ の等比数列である。

よって，数列 $\{a_n\}$ は

初項 $a_1 = x_1{}^2 = \left(\dfrac{12}{5}\right)^2 = \dfrac{144}{25}$,

公比 $\left(\dfrac{3}{5}\right)^2 = \dfrac{9}{25}$ の等比数列

ゆえに，$a_n = \dfrac{144}{25} \cdot \left(\dfrac{9}{25}\right)^{n-1} = 16 \cdot \left(\dfrac{9}{25}\right)^n$

(3) $\displaystyle\lim_{n\to\infty}\sum_{k=1}^{n} a_n$ は初項 $16 \cdot \dfrac{9}{25}$，公比 $\dfrac{9}{25}$ の無限等比級数だから収束する。

よって，$\displaystyle\lim_{n\to\infty}\sum_{k=1}^{n} a_n = \dfrac{16 \cdot \dfrac{9}{25}}{1 - \dfrac{9}{25}} = 9$

14 (1) $\displaystyle\lim_{x\to -1} \dfrac{x^2 + 4x + 3}{2x^2 + x - 1}$

$= \displaystyle\lim_{x\to -1} \dfrac{(x+1)(x+3)}{(x+1)(2x-1)}$

$= \dfrac{-1+3}{2 \cdot (-1) - 1} = -\dfrac{2}{3}$

(2) $\displaystyle\lim_{x\to 0} \dfrac{x}{\sqrt{2+x} - \sqrt{2-x}}$

$= \displaystyle\lim_{x\to 0} \dfrac{x(\sqrt{2+x} + \sqrt{2-x})}{(\sqrt{2+x} - \sqrt{2-x})(\sqrt{2+x} + \sqrt{2-x})}$

$= \displaystyle\lim_{x\to 0} \dfrac{x(\sqrt{2+x} + \sqrt{2-x})}{2+x-2+x}$

$= \displaystyle\lim_{x\to 0} \dfrac{x(\sqrt{2+x} + \sqrt{2-x})}{2x}$

$= \dfrac{\sqrt{2} + \sqrt{2}}{2} = \sqrt{2}$

(3) $\displaystyle\lim_{x\to\infty} (\sqrt{9x^2 + 2x} - 3x)$

$= \displaystyle\lim_{x\to\infty} \dfrac{(\sqrt{9x^2+2x} - 3x)(\sqrt{9x^2+2x} + 3x)}{\sqrt{9x^2+2x} + 3x}$

$= \displaystyle\lim_{x\to\infty} \dfrac{9x^2 + 2x - 9x^2}{\sqrt{9x^2+2x} + 3x}$

$= \displaystyle\lim_{x\to\infty} \dfrac{2}{\sqrt{9 + \dfrac{2}{x}} + 3}$

$= \dfrac{2}{\sqrt{9} + 3} = \dfrac{1}{3}$

(4) $x = -t$ とおくと，
$x \to -\infty$ で $t \to \infty$ だから
$$\lim_{x\to -\infty} (\sqrt{x^2 + 3x} + x)$$
$= \displaystyle\lim_{t\to\infty} (\sqrt{(-t)^2 + 3 \cdot (-t)} - t)$

$= \displaystyle\lim_{t\to\infty} (\sqrt{t^2 - 3t} - t)$

$= \displaystyle\lim_{t\to\infty} \dfrac{(\sqrt{t^2-3t} - t)(\sqrt{t^2-3t} + t)}{\sqrt{t^2-3t} + t}$

$= \displaystyle\lim_{t\to\infty} \dfrac{t^2 - 3t - t^2}{\sqrt{t^2-3t} + t}$

$= \displaystyle\lim_{t\to\infty} \dfrac{-3t}{\sqrt{t^2-3t} + t}$

$= \displaystyle\lim_{t\to\infty} \dfrac{-3}{\sqrt{1 - \dfrac{3}{t}} + 1} = -\dfrac{3}{2}$

15 (1) $x \to 3$ のとき，分母 $\to 0$ だから分子 $\to 0$ でなければならない。
よって，
$$\lim_{x\to 3} (\sqrt{3x+a} - b) = \sqrt{9+a} - b = 0$$
$b = \sqrt{9+a}$ ……① を代入すると

（左辺）

$$=\lim_{x\to 3}\frac{\sqrt{3x+a}-\sqrt{9+a}}{x-3}$$

$$=\lim_{x\to 3}\frac{(\sqrt{3x+a}-\sqrt{9+a})(\sqrt{3x+a}+\sqrt{9+a})}{(x-3)(\sqrt{3x+a}+\sqrt{9+a})}$$

$$=\lim_{x\to 3}\frac{(3x+a)-(9+a)}{(x-3)(\sqrt{3x+a}+\sqrt{9+a})}$$

$$=\lim_{x\to 3}\frac{3(x-3)}{(x-3)(\sqrt{3x+a}+\sqrt{9+a})}$$

$$=\frac{3}{2\sqrt{9+a}}$$

$\dfrac{3}{2\sqrt{9+a}}=\dfrac{3}{8}$ より $\sqrt{9+a}=4$

ゆえに，$a=7$ ①に代入すると $b=4$
したがって，**$a=7$，$b=4$**

(2) $x\to 1$ で $f(x)$ の 分母 $\to 0$ だから
分子 $\to 0$ でなければならない。
よって，

$$\lim_{x\to 1}(ax^3+bx^2+cx+d)$$
$$=a+b+c+d=0 \quad\cdots\cdots①$$

また

$$\lim_{x\to\infty}\frac{ax^3+bx^2+cx+d}{x^2+x-2}$$

$$=\lim_{x\to\infty}\frac{ax+b+\dfrac{c}{x}+\dfrac{d}{x^2}}{1+\dfrac{1}{x}-\dfrac{2}{x^2}}=1$$

となるためには
$a=0,\ b=1 \quad\cdots\cdots②$
②を①に代入すると
$d=-1-c \quad\cdots\cdots③$
②，③を $\lim\limits_{x\to 1}f(x)=0$ に代入すると

$$\lim_{x\to 1}\frac{x^2+cx-1-c}{x^2+x-2}$$

$$=\lim_{x\to 1}\frac{(x-1)(x+1+c)}{(x-1)(x+2)}$$

$$=\frac{2+c}{3}=0$$

ゆえに，$c=-2$
③に代入すると $d=1$
したがって，
$a=0,\ b=1,\ c=-2,\ d=1$

16 (1) $\lim\limits_{x\to\infty}(3^x-2^x)$

$$=\lim_{x\to\infty}3^x\left\{1-\left(\frac{2}{3}\right)^x\right\}=\infty$$

(2) $x=-t$ とおくと，
$x\to-\infty$ で $t\to\infty$ だから

$$\lim_{x\to-\infty}\frac{5^x}{3^x+2^x}$$

$$=\lim_{t\to\infty}\frac{5^{-t}}{3^{-t}+2^{-t}}$$

$$=\lim_{t\to\infty}\frac{\left(\dfrac{1}{5}\right)^t}{\left(\dfrac{1}{3}\right)^t+\left(\dfrac{1}{2}\right)^t}$$

> 2^t を分母，分子に掛ける。

$$=\lim_{t\to\infty}\frac{\left(\dfrac{2}{5}\right)^t}{\left(\dfrac{2}{3}\right)^t+1}=0$$

(3) $\lim\limits_{x\to 1+0}\dfrac{1}{x-1}=\infty$ だから

$$\lim_{x\to 1+0}3^{\frac{1}{x-1}}=\infty$$

$\lim\limits_{x\to 1-0}\dfrac{1}{x-1}=-\infty$ だから

$$\lim_{x\to 1-0}3^{\frac{1}{x-1}}=0$$

よって，**極限はない。**

(4) $\lim\limits_{x\to+0}\dfrac{1}{x}=\infty$ だから

$$\lim_{x\to+0}\log_3\frac{1}{x}=\infty$$

(5) $\lim\limits_{x\to\infty}(\log_2\sqrt{2x^2+1}-\log_2 x)$

$$=\lim_{x\to\infty}\log_2\frac{\sqrt{2x^2+1}}{x}$$

$$=\lim_{x\to\infty}\log_2\sqrt{2+\frac{1}{x}}$$

$$=\log_2\sqrt{2}=\frac{1}{2}$$

(6) $\lim\limits_{x\to\infty}\log_a(\sqrt{x+1}-\sqrt{x})$

$$=\lim_{x\to\infty}\log_a\frac{(\sqrt{x+1}-\sqrt{x})(\sqrt{x+1}+\sqrt{x})}{\sqrt{x+1}+\sqrt{x}}$$

$$=\lim_{x\to\infty}\log_a\frac{x+1-x}{\sqrt{x+1}+\sqrt{x}}$$

$$=\lim_{x\to\infty}\log_a\frac{1}{\sqrt{x+1}+\sqrt{x}}$$

ここで，$\lim\limits_{x\to\infty}\dfrac{1}{\sqrt{x+1}+\sqrt{x}}=0$ だから

$a>1$ のとき
$$\lim_{x\to\infty}\log_a(\sqrt{x+1}-\sqrt{x})=-\infty$$

$0<a<1$ のとき
$$\lim_{x\to\infty}\log_a(\sqrt{x+1}-\sqrt{x})=\infty$$

17 (1) ① $\displaystyle\lim_{x\to0}\frac{1-\cos2x}{x^2}$

$=\displaystyle\lim_{x\to0}\frac{1-(1-2\sin^2x)}{x^2}$

$=\displaystyle\lim_{x\to0}2\left(\frac{\sin x}{x}\right)^2=\boldsymbol{2}$

② $\displaystyle\lim_{x\to0}\frac{\sin^3x}{x(1-\cos x)}$

$=\displaystyle\lim_{x\to0}\frac{\sin^3x(1+\cos x)}{x(1-\cos x)(1+\cos x)}$

$=\displaystyle\lim_{x\to0}\frac{\sin^3x(1+\cos x)}{x\sin^2x}$

$=\displaystyle\lim_{x\to0}\frac{\sin x}{x}\cdot(1+\cos x)=\boldsymbol{2}$

別解

$\displaystyle\lim_{x\to0}\frac{\sin x(1-\cos^2x)}{x(1-\cos x)}$

$=\displaystyle\lim_{x\to0}\frac{\sin x(1+\cos x)(1-\cos x)}{x(1-\cos x)}$

$=\displaystyle\lim_{x\to0}\frac{\sin x}{x}(1+\cos x)=\boldsymbol{2}$

③ $x-\dfrac{\pi}{2}=\theta$ とおくと,

$x\to\dfrac{\pi}{2}$ で $\theta\to0$ だから

$\displaystyle\lim_{x\to\frac{\pi}{2}}(\pi-2x)\tan x$

$=\displaystyle\lim_{\theta\to0}(-2\theta)\tan\left(\theta+\frac{\pi}{2}\right)$

$=\displaystyle\lim_{\theta\to0}(-2\theta)\cdot\frac{\sin\left(\theta+\frac{\pi}{2}\right)}{\cos\left(\theta+\frac{\pi}{2}\right)}$

$=\displaystyle\lim_{\theta\to0}(-2\theta)\cdot\frac{\cos\theta}{-\sin\theta}$

$=\displaystyle\lim_{\theta\to0}\frac{\theta}{\sin\theta}\cdot2\cos\theta=\boldsymbol{2}$

④ $x-\pi=\theta$ とおくと,

$x\to\pi$ で $\theta\to0$ だから

$\displaystyle\lim_{x\to\pi}\frac{\sin x}{x^2-\pi^2}$

$=\displaystyle\lim_{\theta\to0}\frac{\sin(\theta+\pi)}{(\theta+\pi)^2-\pi^2}$

$=\displaystyle\lim_{\theta\to0}\frac{-\sin\theta}{\theta(\theta+2\pi)}$

$=\displaystyle\lim_{\theta\to0}\left(-\frac{\sin\theta}{\theta}\right)\cdot\frac{1}{\theta+2\pi}$

$=\boldsymbol{-\dfrac{1}{2\pi}}$

(2)

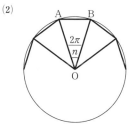

図のように, 正 n 角形の一辺を AB とすると

△OAB において, $\angle\mathrm{AOB}=\dfrac{2\pi}{n}$

だから

$$\triangle\mathrm{OAB}=\frac{1}{2}r^2\sin\frac{2\pi}{n}$$

よって, $S_n=n\triangle\mathrm{OAB}=\dfrac{n}{2}r^2\sin\dfrac{2\pi}{n}$

$\displaystyle\lim_{n\to\infty}S_n=\frac{n}{2}r^2\sin\frac{2\pi}{n}$

$\qquad=\dfrac{n}{2}r^2\cdot\dfrac{2\pi}{n}\cdot\dfrac{\sin\dfrac{2\pi}{n}}{\dfrac{2\pi}{n}}$

$\qquad=\boldsymbol{\pi r^2}$

> 分母, 分子に $\dfrac{2\pi}{n}$ を掛けて $\displaystyle\lim_{\theta\to0}\frac{\sin\theta}{\theta}=1$ が使える形に変形する。

18 (1) $-2h=t$ $\left(h=-\dfrac{t}{2}\right)$ とおくと，

$h\to 0$ で $t\to 0$ だから

$$\lim_{h\to 0}(1-2h)^{\frac{1}{h}}=\lim_{t\to 0}(1+t)^{\frac{2}{t}}$$

$$=\lim_{t\to 0}\{(1+t)^{\frac{1}{t}}\}^{-2}=e^{-2}=\dfrac{1}{e^2}$$

(2) $\displaystyle\lim_{x\to\infty}x\{\log(x+2)-\log x\}$

$$=\lim_{x\to\infty}x\log\dfrac{x+2}{x}$$

$$=\lim_{x\to\infty}\log\left(1+\dfrac{2}{x}\right)^x$$

ここで，$\dfrac{2}{x}=t$ $\left(x=\dfrac{2}{t}\right)$ とおくと，

$x\to\infty$ で $t\to 0$ だから

$$(与式)=\lim_{t\to 0}\log(1+t)^{\frac{2}{t}}$$

$$=\lim_{t\to 0}2\log(1+t)^{\frac{1}{t}}$$

$$=2\log e=2$$

(3) $\displaystyle\lim_{x\to 0}\dfrac{\log(1+\sin x)}{x}$

$$=\lim_{x\to 0}\dfrac{\sin x}{x}\cdot\dfrac{\log(1+\sin x)}{\sin x}$$

$$=\lim_{x\to 0}\dfrac{\sin x}{x}\cdot\log(1+\sin x)^{\frac{1}{\sin x}}$$

ここで，$x\to 0$ のとき，$\sin x\to 0$ だから $\sin x=h$ とおくと

$$\lim_{x\to 0}(1+\sin x)^{\frac{1}{\sin x}}=\lim_{h\to 0}(1+h)^{\frac{1}{h}}=e$$

よって，$\displaystyle\lim_{x\to 0}\dfrac{\sin x}{x}\cdot\log(1+\sin x)^{\frac{1}{\sin x}}$

$$=1\cdot\log e=1$$

(4) $a^x-1=h$ とおくと，$a^x=1+h$

$x\to 0$ で $a^x\to 1$ だから $h\to 0$

$a^x=1+h$ について

a を底とする両辺の対数をとると

$$x=\log_a(1+h)$$

$$\lim_{x\to 0}\dfrac{a^x-1}{x}=\lim_{h\to 0}\dfrac{h}{\log_a(1+h)}$$

$$=\lim_{h\to 0}\dfrac{1}{\dfrac{1}{h}\log_a(1+h)}$$

$$=\lim_{h\to 0}\dfrac{1}{\log_a(1+h)^{\frac{1}{h}}}$$

$$=\dfrac{1}{\log_a e}=\log a$$

別解

$f(x)=a^x$ とおいて，微分係数の定義より

$$f'(0)=\lim_{x\to 0}\dfrac{a^x-a^0}{x-0}=\lim_{x\to 0}\dfrac{a^x-1}{x}$$

ここで，$f'(x)=a^x\log a$ より

$$f'(0)=\log a$$

よって，$\displaystyle\lim_{x\to 0}\dfrac{a^x-1}{x}=\log a$

19 (1) (i) $|x|<1$ のとき

$$f(x)=\lim_{n\to\infty}\dfrac{x^{2n}-x^{2n-1}+ax^2+bx}{x^{2n}+1}$$

$$=ax^2+bx$$

(ii) $|x|>1$ のとき

$$f(x)=\lim_{n\to\infty}\dfrac{x^{2n}-x^{2n-1}+ax^2+bx}{x^{2n}+1}$$

$$=\lim_{n\to\infty}\dfrac{1-\dfrac{1}{x}+\dfrac{a}{x^{2n-2}}+\dfrac{b}{x^{2n-1}}}{1+\dfrac{1}{x^{2n}}}$$

$$=1-\dfrac{1}{x}$$

(iii) $x=1$ のとき

$$f(1)=\dfrac{1-1+a+b}{1+1}=\dfrac{a+b}{2}$$

(iv) $x=-1$ のとき

$$f(-1)=\dfrac{(-1)^{2n}-(-1)^{2n-1}+a-b}{(-1)^{2n}+1}$$

$$=\dfrac{2+a-b}{2}$$

$f(x)$ が連続になるためには $x=\pm 1$ で連続となればよい。

(ア) $x=1$ で連続であるためには

$$\lim_{x\to 1+0}f(x)=\lim_{x\to 1-0}f(x)=f(1)$$ より

$$\lim_{x\to 1+0}\left(1-\dfrac{1}{x}\right)=\lim_{x\to 1-0}(ax^2+bx)$$

$$=\dfrac{a+b}{2}$$

$$0=a+b=\dfrac{a+b}{2}$$

よって，$a+b=0$ ……①

11

(イ) $x=-1$ で連続であるためには
$$\lim_{x\to-1-0}f(x)=\lim_{x\to-1+0}f(x)=f(-1)$$
より
$$\lim_{x\to-1-0}\left(1-\frac{1}{x}\right)=\lim_{x\to-1+0}(ax^2+bx)$$
$$=\frac{2+a-b}{2}$$
$$2=a-b=\frac{2+a-b}{2}$$
よって，$a-b=2$ ……②
①，②を解いて $a=1,\ b=-1$

(2) $f(x)$ は次のようにまとめられる。
$$f(x)=\begin{cases}x^2-x & (-1<x<1)\\ 1-\dfrac{1}{x} & (x<-1,\ 1<x)\\ 0 & (x=1)\\ 2 & (x=-1)\end{cases}$$
これより $y=f(x)$ のグラフをかくと，次のようになる。

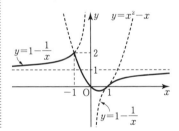

20 (1) $x\to2+0$ のとき $|x-2|=x-2$ である。
よって，$\displaystyle\lim_{x\to2+0}\frac{x-2}{|x-2|}=\lim_{x\to2+0}\frac{x-2}{x-2}=1$

(2) $\displaystyle\lim_{x\to-0}\frac{1}{x}=-\infty$ だから
$$\lim_{x\to-0}2^{\frac{1}{x}}=0$$
よって，$\displaystyle\lim_{x\to-0}\frac{1}{1+2^{\frac{1}{x}}}=1$

(3) $\displaystyle\lim_{x\to1+0}e^x=e,\ \lim_{x\to1+0}\log x=+0$
よって，$\displaystyle\lim_{x\to1+0}\frac{e^x}{\log x}=\infty$

21 $f(x)=x\sin x-\cos^2 x$ は $\dfrac{\pi}{6}\le x\le\dfrac{\pi}{4}$ の範囲で連続である。
$$f\left(\frac{\pi}{6}\right)=\frac{\pi}{6}\sin\frac{\pi}{6}-\cos^2\frac{\pi}{6}$$
$$=\frac{\pi}{12}-\frac{3}{4}$$
$$=\frac{\pi-9}{12}<0$$
$$f\left(\frac{\pi}{4}\right)=\frac{\pi}{4}\sin\frac{\pi}{4}-\cos^2\frac{\pi}{4}$$
$$=\frac{\sqrt2\,\pi}{8}-\frac{1}{2}$$
$$>\frac{1}{8}(\sqrt2\cdot3-4)\quad(\pi>3\ \text{より})$$
$$=\frac{1}{8}(\sqrt{18}-\sqrt{16})>0$$
よって，中間値の定理から $f(x)=0$ は $\dfrac{\pi}{6}<x<\dfrac{\pi}{4}$ の範囲に少なくとも1つの解をもつ。

22 (1) $\displaystyle\lim_{x\to2}\frac{f(x)-f(2)}{x-2}=f'(2)$ であり
$f'(x)=4x^3-6x^2$ より $f'(2)=8$
よって，$\displaystyle\lim_{x\to2}\frac{f(x)-f(2)}{x-2}=8$

(2) $\displaystyle\lim_{h\to0}\frac{f(x+5h)-f(x-3h)}{h}$
$$=\lim_{h\to0}\frac{\{f(x+5h)-f(x)\}+\{f(x)-f(x-3h)\}}{h}$$
$$=\lim_{h\to0}\left\{5\cdot\frac{f(x+5h)-f(x)}{5h}\right.$$
$$\left.+3\cdot\frac{f(x-3h)-f(x)}{-3h}\right\}$$
$$=5f'(x)+3f'(x)=8f'(x)$$

23 $f(x)$ が $x=1$ で微分可能であるためには，$x=1$ で連続でなければならない。
$x\le1$ では $f(1)=2$
$x>1$ では $\displaystyle\lim_{x\to1+0}\frac{ax+b}{x+1}=\frac{a+b}{2}$
$\dfrac{a+b}{2}=2$ より $a+b=4$ ……①
また，右からと左からの微分係数を一致させればよいから

右からの微分係数は

$$\lim_{h \to +0} \frac{f(1+h)-f(1)}{h}$$

$$=\lim_{h \to +0} \frac{1}{h}\left\{\frac{a(1+h)+b}{(1+h)+1}-\frac{a+b}{2}\right\}$$

$$=\lim_{h \to +0} \frac{1}{\cancel{h}}\cdot\frac{(a-b)\cancel{h}}{2(2+h)}=\frac{a-b}{4} \quad \cdots\cdots ②$$

左からの微分係数は

$$\lim_{h \to -0} \frac{f(1+h)-f(1)}{h}$$

$$=\lim_{h \to -0} \frac{(1+h)^2+1-2}{h}$$

$$=\lim_{h \to -0} \frac{\cancel{h}(2+h)}{\cancel{h}}=2 \quad \cdots\cdots ③$$

②＝③ より $a-b=8$ $\quad \cdots\cdots ④$

①，④を解いて

$$a=6, \quad b=-2$$

24 (1) $y=(x+1)(x^2-3x)$

$\quad y'=(x+1)'(x^2-3x)$

$\qquad +(x+1)(x^2-3x)'$

$\quad =x^2-3x+(x+1)(2x-3)$

$\quad =3x^2-4x-3$

(2) $y=(x^3+2x-1)(1-x^2)$

$\quad y'=(x^3+2x-1)'(1-x^2)$

$\qquad +(x^3+2x-1)(1-x^2)'$

$\quad =(3x^2+2)(1-x^2)$

$\qquad +(x^3+2x-1)(-2x)$

$\quad =-3x^4+x^2+2-2x^4-4x^2+2x$

$\quad =-5x^4-3x^2+2x+2$

(3) $y=\dfrac{x+1}{x-1}$

$\quad y'=\dfrac{(x+1)'(x-1)-(x+1)(x-1)'}{(x-1)^2}$

$\quad =\dfrac{x-1-(x+1)}{(x-1)^2}$

$\quad =-\dfrac{2}{(x-1)^2}$

別解

$$y=\frac{x+1}{x-1}=1+\frac{2}{x-1}$$

$$y'=\frac{-2}{(x-1)^2}$$

(4) $y=\dfrac{x^3}{x^2-1}$

$\quad y'=\dfrac{(x^3)'(x^2-1)-x^3(x^2-1)'}{(x^2-1)^2}$

$\quad =\dfrac{3x^2(x^2-1)-x^3\cdot 2x}{(x^2-1)^2}$

$\quad =\dfrac{x^2(x^2-3)}{(x^2-1)^2}$

25 (1) $y=\sqrt[3]{1-2x}$

$\quad =(1-2x)^{\frac{1}{3}}$

$\quad y'=\dfrac{1}{3}(1-2x)^{-\frac{2}{3}}\cdot(1-2x)'$

$\quad =-\dfrac{2}{3\sqrt[3]{(1-2x)^2}}$

(2) $y=x^3\sqrt{1+x^2}$

$\quad y'=(x^3)'\sqrt{1+x^2}+x^3(\sqrt{1+x^2})'$

$\quad =3x^2\sqrt{1+x^2}$

$\qquad +x^3\cdot\dfrac{1}{2}(1+x^2)^{-\frac{1}{2}}(1+x^2)'$

$\quad =3x^2\sqrt{1+x^2}+\dfrac{x^3\cdot 2x}{2\sqrt{1+x^2}}$

$\quad =\dfrac{3x^2(1+x^2)+x^4}{\sqrt{1+x^2}}$

$\quad =\dfrac{x^2(4x^2+3)}{\sqrt{1+x^2}}$

(3) $y=\dfrac{x}{\sqrt{x^2+1}}$

$\quad y'=\dfrac{x'\sqrt{x^2+1}-x(\sqrt{x^2+1})'}{x^2+1}$

$\quad =\dfrac{\sqrt{x^2+1}-x\cdot\dfrac{1}{2}(x^2+1)^{-\frac{1}{2}}\cdot 2x}{x^2+1}$

$\quad =\dfrac{\sqrt{x^2+1}-x^2(x^2+1)^{-\frac{1}{2}}}{x^2+1}$

$\quad =\dfrac{x^2+1-x^2}{(x^2+1)\sqrt{x^2+1}}$

$\quad =\dfrac{1}{(x^2+1)\sqrt{x^2+1}}$

(4) $y=\sqrt{\dfrac{2-x}{x+2}}=\left(\dfrac{2-x}{x+2}\right)^{\frac{1}{2}}$

$y'=\dfrac{1}{2}\left(\dfrac{2-x}{x+2}\right)^{-\frac{1}{2}}\cdot\left(\dfrac{2-x}{x+2}\right)'$

$=\dfrac{1}{2}\sqrt{\dfrac{x+2}{2-x}}\cdot$

$\qquad\dfrac{-1\cdot(x+2)-(2-x)\cdot1}{(x+2)^2}$

$=\dfrac{1}{2}\sqrt{\dfrac{x+2}{2-x}}\cdot\dfrac{-4}{(x+2)^2}$

$=-\dfrac{2}{\sqrt{2-x}\sqrt{x+2}\,(x+2)}$

$=-\dfrac{2}{(x+2)\sqrt{4-x^2}}$

26 (1) $3xy-2x+5y=0$ の両辺を x で微分すると

$3y+3x\dfrac{dy}{dx}-2+5\dfrac{dy}{dx}=0$

$(3x+5)\dfrac{dy}{dx}=2-3y$

よって，$\dfrac{dy}{dx}=\dfrac{2-3y}{3x+5}$

(2) $x\tan y=1$ の両辺を x で微分すると

$\tan y+x\cdot\dfrac{1}{\cos^2y}\cdot\dfrac{dy}{dx}=0$

ここで $\tan y=\dfrac{1}{x}$，$1+\tan^2y=\dfrac{1}{\cos^2y}$ より

$\dfrac{1}{\cos^2y}=1+\dfrac{1}{x^2}=\dfrac{x^2+1}{x^2}$

を代入すると

$\dfrac{1}{x}+x\cdot\dfrac{x^2+1}{x^2}\cdot\dfrac{dy}{dx}=0$

$\dfrac{dy}{dx}=-\dfrac{1}{x}\cdot\dfrac{x}{x^2+1}$

よって，$\dfrac{dy}{dx}=-\dfrac{1}{x^2+1}$

27 (1) ① $y=\sin x^2-(\sin x)^2$

$y'=\cos x^2(x^2)'-2\sin x(\sin x)'$

$=2x\cos x^2-2\sin x\cos x$

② $y=\sin(\cos x)$

$y'=\cos(\cos x)\cdot(\cos x)'$

$=-\sin x\cos(\cos x)$

$(=-\cos(\cos x)\sin x)$

③ $y=\sin ax\cos ax=\dfrac{1}{2}\sin2ax$

$y'=\dfrac{1}{2}(\cos2ax)(2ax)'=a\cos2ax$

④ $y=\dfrac{3\sin x+\cos x}{\sin x+3\cos x}$

y' の分子は

$(3\sin x+\cos x)'(\sin x+3\cos x)$

$\quad-(3\sin x+\cos x)(\sin x+3\cos x)'$

$=(3\cos x-\sin x)(\sin x+3\cos x)$

$\quad-(3\sin x+\cos x)(\cos x-3\sin x)$

$=9\cos^2x-\sin^2x$

$\qquad-(\cos^2x-9\sin^2x)$

$=8(\sin^2x+\cos^2x)=8$

よって，$y'=\dfrac{8}{(\sin x+3\cos x)^2}$

(2) $(\tan x)'=\left(\dfrac{\sin x}{\cos x}\right)'$

$=\dfrac{(\sin x)'\cos x-\sin x(\cos x)'}{\cos^2x}$

$=\dfrac{\cos^2x+\sin^2x}{\cos^2x}=\dfrac{1}{\cos^2x}$

$1+\tan^2x=\dfrac{1}{\cos^2x}$ より

$(\tan x)'=1+\tan^2x$

28 (1) $y=\sqrt{x}\log x$

$y'=(\sqrt{x})'\log x+\sqrt{x}(\log x)'$

$=\dfrac{1}{2}x^{-\frac{1}{2}}\log x+\sqrt{x}\cdot\dfrac{1}{x}$

$=\dfrac{1}{2\sqrt{x}}(\log x+2)$

(2) $y=\log_2x=\dfrac{\log x}{\log 2}$

$y'=\dfrac{1}{\log 2}\cdot(\log x)'=\dfrac{1}{x\log 2}$

(3) $y'=(7^x)'=7^x\log 7$

$((a^x)'=a^x\log a$ の公式より$)$

別解

$y=7^x$ の両辺の自然対数をとると

$\log y=\log 7^x=x\log 7$

両辺を x で微分して

$\dfrac{y'}{y}=\log 7$ より $y'=y\log 7$

よって，$y'=7^x\log 7$

(4) $y=xe^{\frac{1}{x}}$

$$y'=(x)'e^{\frac{1}{x}}+x(e^{\frac{1}{x}})'$$
$$=e^{\frac{1}{x}}+x\left(-\frac{1}{x^2}e^{\frac{1}{x}}\right)$$
$$=\left(1-\frac{1}{x}\right)e^{\frac{1}{x}}$$

(5) $y=\log(\log x)$

$$y'=\frac{(\log x)'}{\log x}=\frac{1}{x\log x}$$

(6) $y=x^{\sin x}$ $(x>0)$ の両辺の自然対数
をとると

$$\log y=\log x^{\sin x}=\sin x\log x$$

両辺を x で微分して

$$\frac{y'}{y}=\cos x\log x+(\sin x)\cdot\frac{1}{x}$$
$$y'=y\left(\cos x\log x+\frac{1}{x}\sin x\right)$$

よって，

$$y'=x^{\sin x}\left(\cos x\log x+\frac{1}{x}\sin x\right)$$

29 (1) 〔I〕 $n=1$ のとき

$$(左辺)=\frac{d}{dx}\log x=\frac{1}{x}$$
$$(右辺)=(-1)^0\frac{0!}{x}=\frac{1}{x}$$

よって，成り立つ。

〔II〕 $n=k$ のとき

$$\frac{d^k}{dx^k}\log x=(-1)^{k-1}\frac{(k-1)!}{x^k}$$

が成り立つとすると
$n=k+1$ のとき

$$\frac{d^{k+1}}{dx^{k+1}}\log x$$
$$=\frac{d}{dx}\left(\frac{d^k}{dx^k}\log x\right)$$
$$=\frac{d}{dx}\left((-1)^{k-1}\frac{(k-1)!}{x^k}\right)$$
$$=(-1)^{k-1}(k-1)!\left(\frac{1}{x^k}\right)'$$
$$=(-1)^{k-1}(k-1)!\frac{-k}{x^{k+1}}$$
$$=(-1)^{k-1}(-1)k(k-1)!\frac{1}{x^{k+1}}$$
$$=(-1)^k\frac{k!}{x^{k+1}}\quad(k(k-1)!=k!\text{ より})$$

となり，$n=k+1$ のときにも成り立
つ。

〔I〕，〔II〕により与式はすべての自然
数 n で成り立つ。

(2) 〔I〕 $n=1$ のとき

$$(左辺)=\frac{d}{dx}\sin x=\cos x$$
$$(右辺)=\sin\left(x+\frac{\pi}{2}\right)=\cos x$$

よって，成り立つ。

〔II〕 $n=k$ のとき

$$\frac{d^k}{dx^k}\sin x=\sin\left(x+\frac{k\pi}{2}\right)$$

が成り立つとすると
$n=k+1$ のとき

$$\frac{d^{k+1}}{dx^{k+1}}\sin x=\frac{d}{dx}\sin\left(x+\frac{k\pi}{2}\right)$$
$$=\cos\left(x+\frac{k\pi}{2}\right)$$

$\sin\left(\theta+\frac{\pi}{2}\right)=\cos\theta$ だから

$\theta=x+\frac{k\pi}{2}$ とすると

$$\cos\left(x+\frac{k\pi}{2}\right)=\sin\left(x+\frac{k\pi}{2}+\frac{\pi}{2}\right)$$

よって，

$$\frac{d^{k+1}}{dx^{k+1}}\sin x=\sin\left(x+\frac{k+1}{2}\pi\right)$$

となり，$n=k+1$ のときにも成り立
つ。

〔I〕，〔II〕により与式はすべての自然
数 n で成り立つ。

30 (1) $\sqrt{x}+\sqrt{y}=3$ より $\sqrt{y}=3-\sqrt{x}$
両辺を 2 乗して

$$y=9-6\sqrt{x}+x$$
$$y'=-3x^{-\frac{1}{2}}+1=-\frac{3}{\sqrt{x}}+1$$

$x=1$ のとき $y'=-2$
よって，$y-4=-2(x-1)$ より
$$y=-2x+6$$

別解

$\sqrt{x}+\sqrt{y}=3$ の両辺を x で微分する
と

$$\frac{1}{2}x^{-\frac{1}{2}}+\frac{1}{2}y^{-\frac{1}{2}}\frac{dy}{dx}=0$$

$$\frac{dy}{dx}=-\frac{\sqrt{y}}{\sqrt{x}}$$

点 $(1,4)$ における接線の傾きは

$$\frac{dy}{dx}=-\frac{\sqrt{4}}{\sqrt{1}}=-2$$

よって，$y-4=-2(x-1)$　より

$$\boldsymbol{y=-2x+6}$$

(2) 接点を $\left(t,\ \dfrac{\log t}{t}\right)$ $(t>0)$ とおくと

$$y'=\frac{\dfrac{1}{x}\cdot x-(\log x)\cdot 1}{x^2}=\frac{1-\log x}{x^2}$$

$x=t$ を代入して　$y'=\dfrac{1-\log t}{t^2}$

接線の方程式は

$$y-\frac{\log t}{t}=\frac{1-\log t}{t^2}(x-t)$$

$$y=\frac{1-\log t}{t^2}x+\frac{2\log t-1}{t}\quad\cdots\cdots①$$

原点を通るから

$$\frac{2\log t-1}{t}=0\ \text{より}\ \log t=\frac{1}{2}$$

よって，$t=e^{\frac{1}{2}}=\sqrt{e}$

①に代入して

$$\boldsymbol{y=\frac{1}{2e}x}$$

31 (1) $C_1:y=f(x)=2\cos x$

$C_2:y=g(x)=k-\sin 2x$

とし，共有点 P の x 座標を t とおくと，
P で共通接線をもつから

$f'(t)=g'(t)$ かつ $f(t)=g(t)$

$f'(x)=-2\sin x,\ g'(x)=-2\cos 2x$

より

$$\begin{cases}-2\sin t=-2\cos 2t&\cdots\cdots①\\2\cos t=k-\sin 2t&\cdots\cdots②\end{cases}$$

①から　$\sin t=1-2\sin^2 t$

$$(2\sin t-1)(\sin t+1)=0$$

$0\leqq t\leqq\dfrac{\pi}{2}$ だから　$\sin t=\dfrac{1}{2}$

よって，$\boldsymbol{t=\dfrac{\pi}{6}}$

(2) ②に代入して，

$$2\cos\frac{\pi}{6}=k-\sin\frac{\pi}{3}$$

$$\sqrt{3}=k-\frac{\sqrt{3}}{2}$$

よって，$\boldsymbol{k=\dfrac{3\sqrt{3}}{2}}$

32 (1) $x=t^2+t-1$ より $\dfrac{dx}{dt}=2t+1$

$y=t^2-t-1$ より $\dfrac{dy}{dt}=2t-1$

よって，$\boldsymbol{\dfrac{dy}{dx}=\dfrac{2t-1}{2t+1}}$

$t=1$ のとき

$$x=1,\ y=-1,\ \frac{dy}{dx}=\frac{1}{3}$$

これより求める接線の方程式は

$$y-(-1)=\frac{1}{3}(x-1)$$

よって，$\boldsymbol{y=\dfrac{1}{3}x-\dfrac{4}{3}}$

(2) $x=\cos^3 t$ より $\dfrac{dx}{dt}=3\cos^2 t(-\sin t)$

$y=\sin^3 t$ より $\dfrac{dy}{dt}=3\sin^2 t\cos t$

$$\boldsymbol{\dfrac{dy}{dx}}=\frac{3\sin^2 t\cdot\cos t}{-3\cos^2 t\cdot\sin t}=\boldsymbol{-\tan t}$$

$t=\dfrac{\pi}{3}$ のとき

$$x=\cos^3\frac{\pi}{3}=\frac{1}{8},\ y=\sin^3\frac{\pi}{3}=\frac{3\sqrt{3}}{8}$$

$$\frac{dy}{dx}=-\tan\frac{\pi}{3}=-\sqrt{3}$$

これより求める接線の方程式は

$$y-\frac{3\sqrt{3}}{8}=-\sqrt{3}\left(x-\frac{1}{8}\right)$$

よって，$\boldsymbol{y=-\sqrt{3}\,x+\dfrac{\sqrt{3}}{2}}$

(参考) $x=\cos^3 t,\ y=\sin^3 t$

で表される曲線はアステロイドとよば
れ，t を消去すると

$$x^{\frac{2}{3}}+y^{\frac{2}{3}}=(\cos^3 t)^{\frac{2}{3}}+(\sin^3 t)^{\frac{2}{3}}$$

$$=\cos^2 t+\sin^2 t=1$$

すなわち $x^{\frac{2}{3}}+y^{\frac{2}{3}}=1$ となる。

（グラフは下図）

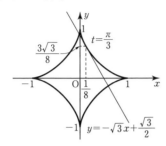

33 (1) $y=x^4-4x^3+1$

$y'=4x^3-12x^2=4x^2(x-3)$

$y''=12x^2-24x=12x(x-2)$

$y'=0$ とすると $x=0$, 3

$y''=0$ とすると $x=0$, 2

よって，増減表は次のようになる。

x	$\cdots$	0	$\cdots$	2	$\cdots$	3	$\cdots$
y'	$-$	0	$-$	$-$	$-$	0	$+$
y''	$+$	0	$-$	0	$+$	$+$	$+$
y	$\searrow$	変曲点	$\searrow$	変曲点	$\searrow$	極小	$\nearrow$

$f(0)=1$, $f(2)=-15$, $f(3)=-26$

よって，極小値 -26 $(x=3)$

変曲点 $(0,\ 1)$, $(2,\ -15)$

(2) $y=(x+1)e^x$

$y'=(x+1)'e^x+(x+1)(e^x)'$

$\quad =(x+2)e^x$

$y''=(x+2)'e^x+(x+2)(e^x)'$

$\quad =(x+3)e^x$

$y'=0$ とすると $x=-2$

$y''=0$ とすると $x=-3$

よって，増減表は次のようになる。

x	$\cdots$	-3	$\cdots$	-2	$\cdots$
y'	$-$	$-$	$-$	0	$+$
y''	$-$	0	$+$	$+$	$+$
y	$\searrow$	変曲点	$\searrow$	極小	$\nearrow$

$f(-3)=-\dfrac{2}{e^3}$, $f(-2)=-\dfrac{1}{e^2}$

よって，極小値 $-\dfrac{1}{e^2}$ $(x=-2)$

変曲点 $\left(-3,\ -\dfrac{2}{e^3}\right)$

34 (1) $y=\dfrac{x^2-x+1}{x^2}$

$y'=\dfrac{(x^2-x+1)'\cdot x^2-(x^2-x+1)\cdot(x^2)'}{x^4}$

$\quad =\dfrac{(2x-1)\cdot x^2-(x^2-x+1)\cdot 2x}{x^4}$

$\quad =\dfrac{x-2}{x^3}$

$y''=\dfrac{(x-2)'\cdot x^3-(x-2)\cdot(x^3)'}{x^6}$

$\quad =\dfrac{x^3-(x-2)\cdot 3x^2}{x^6}=\dfrac{-2(x-3)}{x^4}$

（微分の別解）

$y=\dfrac{x^2-x+1}{x^2}=1-\dfrac{1}{x}+\dfrac{1}{x^2}$

$y'=\dfrac{1}{x^2}-\dfrac{2}{x^3}=\dfrac{x-2}{x^3}$

$y''=-\dfrac{2}{x^3}+\dfrac{6}{x^4}=\dfrac{-2(x-3)}{x^4}$

$y'=0$ とすると $x=2$

$y''=0$ とすると $x=3$

（$x=0$ は分母を 0 とするので定義

されない。）

よって，増減表は次のようになる。

x	$\cdots$	0	$\cdots$	2	$\cdots$	3	$\cdots$
y'	$+$		$-$	0	$+$	$+$	$+$
y''	$+$		$+$	$+$	$+$	0	$-$
y	$\nearrow$		$\searrow$	極小	$\nearrow$	変曲点	$\nearrow$

$f(2)=\dfrac{3}{4}$, $f(3)=\dfrac{7}{9}$

$\displaystyle\lim_{x\to\infty}\dfrac{x^2-x+1}{x^2}=\lim_{x\to\infty}\dfrac{1-\dfrac{1}{x}+\dfrac{1}{x^2}}{1}=1$

$\displaystyle\lim_{x\to-\infty}\dfrac{x^2-x+1}{x^2}=\lim_{x\to-\infty}\dfrac{1-\dfrac{1}{x}+\dfrac{1}{x^2}}{1}$

$\qquad\qquad\qquad\qquad =1$

$\displaystyle\lim_{x\to\pm 0}y=\infty$

極小値 $\dfrac{3}{4}$ $(x=2)$，変曲点 $\left(3,\ \dfrac{7}{9}\right)$

漸近線は $x=0$, $y=1$

これより，グラフは次図のようになる。

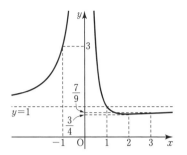

(2) $y=\dfrac{4x}{x^2+1}$

$y'=\dfrac{(4x)'(x^2+1)-4x(x^2+1)'}{(x^2+1)^2}$

$=\dfrac{4(x^2+1)-4x\cdot 2x}{(x^2+1)^2}$

$=\dfrac{-4(x+1)(x-1)}{(x^2+1)^2}$

$y''=\dfrac{(-4x^2+4)'(x^2+1)^2-(-4x^2+4)\{(x^2+1)^2\}'}{(x^2+1)^4}$

$=\dfrac{-8x(x^2+1)^2+(4x^2-4)\cdot 2(x^2+1)\cdot 2x}{(x^2+1)^4}$

$=\dfrac{4x(x^2+1)(-2x^2-2+4x^2-4)}{(x^2+1)^4}$

$=\dfrac{8x(x^2+1)(x+\sqrt{3})(x-\sqrt{3})}{(x^2+1)^4}$

$=\dfrac{8x(x+\sqrt{3})(x-\sqrt{3})}{(x^2+1)^3}$

$y'=0$ とすると $x=\pm 1$

$y''=0$ とすると $x=0,\ \pm\sqrt{3}$

よって，増減表は次のようになる。

x	$\cdots$	$-\sqrt{3}$	$\cdots$	-1	$\cdots$	0	$\cdots$	1	$\cdots$	$\sqrt{3}$	$\cdots$
y'	$-$	$-$	$-$	0	$+$	$+$	$+$	0	$-$	$-$	$-$
y''	$-$	0	$+$	$+$	$+$	0	$-$	$-$	$-$	0	$+$
y	$\searrow$	変曲点	$\searrow$	極小	$\nearrow$	変曲点	$\nearrow$	極大	$\searrow$	変曲点	$\searrow$

$f(-1)=-2,\ f(1)=2$

$f(-\sqrt{3})=-\sqrt{3},$

$f(0)=0,\ f(\sqrt{3})=\sqrt{3}$

$\displaystyle\lim_{x\to\infty}\dfrac{4x}{x^2+1}=0,\ \lim_{x\to -\infty}\dfrac{4x}{x^2+1}=0$

極大値　2 ($x=1$)，

極小値　-2 ($x=-1$)

変曲点　$(-\sqrt{3},\ -\sqrt{3}),\ (0,\ 0),$
$(\sqrt{3},\ \sqrt{3})$

漸近線は　$y=0$

これよりグラフは下図のようになる。

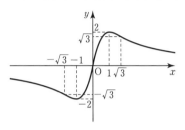

（参考）　$f(x)=\dfrac{4x}{x^2+1}$　が原点対称

$(f(-x)=-f(x))$ であることを利用

して，$x\geqq 0$ の範囲を調べてもよい。

35 (1)　$y=e^{-x^2}$

$y'=-2xe^{-x^2}$

$y''=-2e^{-x^2}+4x^2e^{-x^2}$

$=2e^{-x^2}(2x^2-1)$

$=2e^{-x^2}(\sqrt{2}\,x-1)(\sqrt{2}\,x+1)$

$y'=0$ とすると　$x=0$

$y''=0$ とすると　$x=\pm\dfrac{1}{\sqrt{2}}$

よって，増減表は次のようになる。

x	$\cdots$	$-\dfrac{1}{\sqrt{2}}$	$\cdots$	0	$\cdots$	$\dfrac{1}{\sqrt{2}}$	$\cdots$
y'	$+$	$+$	$+$	0	$-$	$-$	$-$
y''	$+$	0	$-$	$-$	$-$	0	$+$
y	$\nearrow$	$\dfrac{1}{\sqrt{e}}$	$\nearrow$	1	$\searrow$	$\dfrac{1}{\sqrt{e}}$	$\searrow$

　　　　（変曲点）（極大）（変曲点）

$f(0)=1,\ f\left(\pm\dfrac{1}{\sqrt{2}}\right)=e^{-\frac{1}{2}}=\dfrac{1}{\sqrt{e}}$

極大値　1 ($x=0$)

変曲点　$\left(\dfrac{1}{\sqrt{2}},\ \dfrac{1}{\sqrt{e}}\right),$

$\left(-\dfrac{1}{\sqrt{2}},\ \dfrac{1}{\sqrt{e}}\right)$

$\displaystyle\lim_{x\to\infty}e^{-x^2}=0,\ \lim_{x\to -\infty}e^{-x^2}=0$

これよりグラフは次図のようになる。

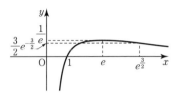

(2) $y=\dfrac{\log x}{x}$

$y'=\dfrac{(\log x)'x-(\log x)x'}{x^2}$

$\quad=\dfrac{1-\log x}{x^2}$

$y''=\dfrac{(1-\log x)'x^2-(1-\log x)(x^2)'}{x^4}$

$\quad=\dfrac{-x-(1-\log x)\cdot 2x}{x^4}$

$\quad=\dfrac{x(2\log x-3)}{x^{\cancel{4}3}}$

$\quad=\dfrac{2\log x-3}{x^3}$

$y'=0$ とすると $\log x=1$ より

$\quad x=e$

$y''=0$ とすると $\log x=\dfrac{3}{2}$ より

$\quad x=e^{\frac{3}{2}}$

よって，増減表は次のようになる。

x	0	$\cdots$	e	$\cdots$	$e^{\frac{3}{2}}$	$\cdots$
y'		$+$	0	$-$	$-$	$-$
y''		$-$	$-$	$-$	0	$+$
y		$\nearrow$	$\dfrac{1}{e}$	$\searrow$	$\dfrac{3}{2}e^{-\frac{3}{2}}$	$\searrow$

（極大）　（変曲点）

$f(e)=\dfrac{1}{e},\ f(e^{\frac{3}{2}})=\dfrac{3}{2}e^{-\frac{3}{2}}$

$\displaystyle\lim_{x\to\infty}\dfrac{\log x}{x}=0,\ \lim_{x\to+0}\dfrac{\log x}{x}=-\infty$

極大値 $\dfrac{1}{e}\ (x=e)$

変曲点 $\left(e^{\frac{3}{2}},\ \dfrac{3}{2}e^{-\frac{3}{2}}\right)$

これよりグラフは次図のようになる。

$\left(\begin{array}{l}\displaystyle\lim_{x\to\infty}\dfrac{\log x}{x}\text{ の値はロピタルの定理を}\\[2mm]\text{使って}\\[2mm]\displaystyle\lim_{x\to\infty}\dfrac{\log x}{x}=\lim_{x\to\infty}\dfrac{(\log x)'}{x'}=\lim_{x\to\infty}\dfrac{1}{x}=0\end{array}\right)$

36 $f(x)=x-\sin 2x$

$f'(x)=1-2\cos 2x$

$f'(x)=0$ とすると $\cos 2x=\dfrac{1}{2}$

$0\le x\le\pi$ だから $0\le 2x\le 2\pi$ より

$\quad x=\dfrac{\pi}{6},\ \dfrac{5}{6}\pi$

よって，増減表は次のようになる。

x	0	$\cdots$	$\dfrac{\pi}{6}$	$\cdots$	$\dfrac{5}{6}\pi$	$\cdots$	π
$f'(x)$		$-$	0	$+$	0	$-$	
$f(x)$	0	$\searrow$	極小	$\nearrow$	極大	$\searrow$	π

$f(0)=0,\ f\left(\dfrac{\pi}{6}\right)=\dfrac{\pi}{6}-\dfrac{\sqrt{3}}{2}$

$f\left(\dfrac{5}{6}\pi\right)=\dfrac{5}{6}\pi+\dfrac{\sqrt{3}}{2},\ f(\pi)=\pi$

ゆえに，最大値 $\dfrac{5}{6}\pi+\dfrac{\sqrt{3}}{2}\ \left(x=\dfrac{5}{6}\pi\right)$

　　　　最小値 $\dfrac{\pi}{6}-\dfrac{\sqrt{3}}{2}\ \left(x=\dfrac{\pi}{6}\right)$

グラフは下図のようになる。

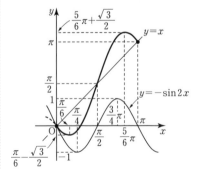

（参考）

$y=x-\sin 2x$ のグラフは
$y=x$ のグラフと $y=-\sin 2x$ のグラフを合成したものである。

グラフの概形は，これほど詳しくかかなくてもよいが，最低でも極値と両端の座標は押さえておきたい。

37 右図のように
$AB=AC=1$，$BM=x$
$(0<x<1)$ とすると
$AM=\sqrt{1-x^2}$
$\triangle AON \infty \triangle ABM$

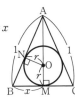

だから
$AB:AO=BM:ON$
$1:(\sqrt{1-x^2}-r)=x:r$
$r=x(\sqrt{1-x^2}-r)$
$(1+x)r=x\sqrt{1-x^2}$

よって，$r=\dfrac{x\sqrt{1-x^2}}{1+x}$

内接円の面積を $S(x)$ とすると

$S(x)=\pi r^2$

$\qquad =\pi\cdot\dfrac{x^2(1-x^2)}{(1+x)^2}$

$\qquad =\pi\cdot\dfrac{x^2-x^3}{1+x}$

$S'(x)=\pi\cdot\dfrac{(2x-3x^2)(1+x)-(x^2-x^3)}{(1+x)^2}$

$\qquad =\pi\cdot\dfrac{-2x^3-2x^2+2x}{(1+x)^2}$

$\qquad =\pi\cdot\dfrac{-2x(x^2+x-1)}{(1+x)^2}$

$S'(x)=0$ とすると $x=0,\ \dfrac{-1\pm\sqrt{5}}{2}$

よって，$0<x<1$ の範囲で増減表をかくと次のようになる。

x	0	$\cdots$	$\dfrac{-1+\sqrt{5}}{2}$	$\cdots$	1
$S'(x)$		$+$	0	$-$	
$S(x)$		↗	極大	↘	

これより $S(x)$ は $x=\dfrac{-1+\sqrt{5}}{2}$ のとき極大かつ最大になる。

このとき，等辺と底辺の比は
$AB:BC=1:2x=1:(-1+\sqrt{5})$

別解

内接円の半径の求め方は，次のような方法もある。

$AM=\sqrt{1-x^2}$ より

（その1）

$\triangle ABC=\dfrac{1}{2}\cdot 2x\sqrt{1-x^2}$
$\qquad\quad =x\sqrt{1-x^2}$

$\triangle ABC=\dfrac{1}{2}r(AB+BC+CA)$ より

$x\sqrt{1-x^2}=\dfrac{1}{2}r(1+2x+1)$

よって，$r=\dfrac{x\sqrt{1-x^2}}{1+x}$

（その2）

内接円の中心は
$\angle ABC$ の二等分線上にあるから
$BA:BM=AO:OM$
$\qquad\quad =1:x$

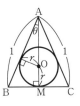

したがって
$1:x=\sqrt{1-x^2}-r:r$
$r=x(\sqrt{1-x^2}-r)$
$(1+x)r=x\sqrt{1-x^2}$

よって，$r=\dfrac{x\sqrt{1-x^2}}{1+x}$

別解

右図のように
$\angle BAM=\theta$
$AM=\cos\theta$
$\left(0<\theta<\dfrac{\pi}{2}\right)$

とすると
$r=AO\sin\theta$
$\quad =(AM-OM)\sin\theta$
$\quad =(\cos\theta-r)\sin\theta$
$(1+\sin\theta)r=\sin\theta\cos\theta$

よって，$r=\dfrac{\sin\theta\cos\theta}{1+\sin\theta}$

円の面積を S とすると

$$S = \pi r^2 = \pi \left(\frac{\sin\theta\cos\theta}{1+\sin\theta} \right)^2$$

$$= \pi \cdot \frac{\sin^2\theta(1-\sin^2\theta)}{(1+\sin\theta)^2}$$

$$= \pi \cdot \frac{\sin^2\theta(1+\sin\theta)(1-\sin\theta)}{(1+\sin\theta)^2}$$

ここで，$\sin\theta = x$ $(0 < x < 1)$ とおくと

$$= \pi \cdot \frac{x^2(1-x)}{1+x}$$

となり，解答の式と同じになる。

38 (1) $f(x) = \dfrac{e^x}{x-1}$

$$f'(x) = \frac{(e^x)'(x-1) - e^x(x-1)'}{(x-1)^2}$$

$$= \frac{e^x(x-2)}{(x-1)^2}$$

$f'(x) = 0$ とすると $x = 2$

よって，増減表は次のようになる。

x	$\cdots$	1	$\cdots$	2	$\cdots$
$f'(x)$	$-$		$-$	0	$+$
$f(x)$	$\searrow$		$\searrow$	e^2	$\nearrow$

$f(2) = e^2$

$$\lim_{x\to\infty} \frac{e^x}{x-1} = \infty, \quad \lim_{x\to-\infty} \frac{e^x}{x-1} = 0$$

$$\lim_{x\to 1+0} \frac{e^x}{x-1} = \infty, \quad \lim_{x\to 1-0} \frac{e^x}{x-1} = -\infty$$

これより，グラフは下図のようになる。

(2) $e^x = k(x-1)$ は $x = 1$ を解にもたないから

$k = \dfrac{e^x}{x-1}$ と変形すると

異なる実数解の個数は

$y = \dfrac{e^x}{x-1}$ と $y = k$ のグラフの共有点

の個数である。

よって，(1)のグラフより

$0 \leq k < e^2$ のとき 　　　0個

$k < 0$，$k = e^2$ のとき 　1個

$k > e^2$ のとき 　　　　　2個

39 (1) (i) $f(x) = \sqrt{x} - \log x$ $(x > 0)$ とおくと

$$f'(x) = \frac{1}{2}x^{-\frac{1}{2}} - \frac{1}{x} = \frac{\sqrt{x}-2}{2x}$$

$f'(x) = 0$ とすると $x = 4$

よって，増減表は次のようになる。

x	0	$\cdots$	4	$\cdots$
$f'(x)$		$-$	0	$+$
$f(x)$		$\searrow$	極小	$\nearrow$

$f(4) = \sqrt{4} - \log 4 = 2(1 - \log 2) > 0$

$\quad (\log 2 < \log e = 1$ より)

増減表より $f(x) > 0$ がいえるから

$$\sqrt{x} > \log x \quad (x > 0)$$

が成り立つ。

(ii) $f(x) = x - \sin x$ $(x > 0)$ とおくと

$$f'(x) = 1 - \cos x \geq 0$$

よって，$f(x)$ は増加する。

$f(x) > f(0) = 0$ だから $x > 0$ で

$f(x) > 0$

よって，$x > \sin x$ $(x > 0)$ ……Ⓐ

が成り立つ。

$$g(x) = \sin x - \left(x - \frac{x^3}{6} \right) \quad (x > 0)$$

とおくと

$$g'(x) = \cos x - 1 + \frac{1}{2}x^2$$

$$g''(x) = -\sin x + x > 0 \quad (\text{Ⓐより})$$

よって，$g'(x)$ は増加する。

$g'(x) > g'(0) = 0$ だから $x > 0$ で

$g'(x) > 0$ である。

ゆえに，$g(x)$ は増加する。

$g(x) > g(0) = 0$ だから $x > 0$ で

$g(x) > 0$ である。

したがって，

$$\sin x > x - \frac{x^3}{6} \quad (x > 0) \quad \cdots\cdots Ⓑ$$

が成り立つ。

Ⓐ, Ⓑ より

$$x-\frac{x^3}{6}<\sin x<x \quad (x>0)$$

が成り立つ。

(2) $f(x)=\dfrac{\log x}{x}$ より

$$f'(x)=\frac{\dfrac{1}{x}\cdot x-\log x}{x^2}=\frac{1-\log x}{x^2}$$

$f'(x)\leqq 0$ のとき,

$\log x\geqq 1$ より $x\geqq e$

よって,$x\geqq e$ のとき,$f(x)$ は減少する。

$f(x)$ は $x\geqq e$ のとき,減少関数だから $f(101)<f(99)$ が成り立つ。

よって,$\dfrac{\log 101}{101}<\dfrac{\log 99}{99}$

$$99\log 101<101\log 99$$
$$\log 101^{99}<\log 99^{101}$$

底は e で $e>1$ だから

$101^{99}<99^{101}$ である。

40 (1) $f(t)=t-1-\log t$ とおくと

$$f'(t)=1-\frac{1}{t}=\frac{t-1}{t}$$

$f'(t)=0$ とすると $t=1$

よって,増減表は次のようになる。

t	0	$\cdots$	1	$\cdots$
$f'(t)$		$-$	0	$+$
$f(t)$		$\searrow$	0	$\nearrow$

よって,$t>0$ のとき $f(t)\geqq 0$ だから

$$\log t\leqq t-1$$

が成り立つ。

(2) $t>0$ のとき,$\dfrac{1}{t}>0$ だから

(1)の不等式で t のかわりに $\dfrac{1}{t}$ を代入すると

$$\log\frac{1}{t}\leqq\frac{1}{t}-1$$
$$-\log t\leqq\frac{1}{t}-1$$

よって,$\log t\geqq 1-\dfrac{1}{t}$

が成り立つ。

(3) $x\log x\geqq x\log y+x-y$ より

$$x(\log x-\log y)\geqq x-y$$
$$\log\frac{x}{y}\geqq 1-\frac{y}{x}$$

を示せばよい。

$x>0$,$y>0$ だから $t=\dfrac{x}{y}$ $(t>0)$ として(2)の不等式に代入すると

$$\log\frac{x}{y}\geqq 1-\frac{y}{x}$$

が成り立つ。

よって,

$$x\log x\geqq x\log y+x-y$$

が成り立つ。

41 $\log a-\log b<a-b<a\log a-b\log b$

$a>b>1$ だから $a-b$ (>0) で割ると

$$\frac{\log a-\log b}{a-b}<1<\frac{a\log a-b\log b}{a-b}$$
$$\cdots\cdots①$$

を示せばよい。

(ⅰ) $f(x)=\log x$ とすると $f(x)$ は $x>0$ で微分可能で $f'(x)=\dfrac{1}{x}$,区間 $[b,a]$ で平均値の定理から

$$\frac{\log a-\log b}{a-b}=f'(c) \quad (b<c<a)$$

となる c が存在する。

これより

$$\frac{\log a-\log b}{a-b}=\frac{1}{c}$$

ここで,$1<b<c<a$ だから $\dfrac{1}{c}<1$

よって,$\dfrac{\log a-\log b}{a-b}<1$

(ⅱ) $g(x)=x\log x$ とすると,$g(x)$ は $x>0$ で微分可能で

$g'(x)=\log x+x\cdot\dfrac{1}{x}=\log x+1$,区間 $[b,a]$ で平均値の定理から

$$\frac{a\log a-b\log b}{a-b}=g'(c) \quad (b<c<a)$$

となる c が存在する。

これより

$$\frac{a\log a - b\log b}{a-b} = \log c + 1$$

ここで，$1 < b < c < a$ だから $\log c > 0$

よって，$\dfrac{a\log a - b\log b}{a-b} > 1$

(i), (ii)より①が示されたから

$$\log a - \log b < a - b < a\log a - b\log b$$

が成り立つ。

42 (1) $\displaystyle\int x(\sqrt{x}-2)\,dx$

$$=\int(x^{\frac{3}{2}}-2x)\,dx$$

$$=\frac{2}{5}x^{\frac{5}{2}}-x^2+C$$

$$=\frac{2}{5}x^2\sqrt{x}-x^2+C$$

(2) $\displaystyle\int\frac{(x-1)^2}{x\sqrt{x}}\,dx=\int\frac{x^2-2x+1}{x^{\frac{3}{2}}}\,dx$

$$=\int(x^{\frac{1}{2}}-2x^{-\frac{1}{2}}+x^{-\frac{3}{2}})\,dx$$

$$=\frac{2}{3}x^{\frac{3}{2}}-4x^{\frac{1}{2}}-2x^{-\frac{1}{2}}+C$$

$$=\frac{2}{3}x\sqrt{x}-4\sqrt{x}-\frac{2}{\sqrt{x}}+C$$

(3) $\displaystyle\int\left(\frac{1}{x^2}+\frac{1}{x}+\cos 2x\right)dx$

$$=-\frac{1}{x}+\log x+\frac{1}{2}\sin 2x+C$$

(4) $\displaystyle\int 5^x\,dx=\frac{5^x}{\log 5}+C$

(5) $\displaystyle\int\tan^2 x\,dx$

$$=\int\left(\frac{1}{\cos^2 x}-1\right)dx$$

$$=\tan x-x+C$$

(6) $\displaystyle\int(e^{x-1}+2^{x+1})\,dx$

$$=\frac{1}{e}\int e^x\,dx+2\int 2^x\,dx$$

$$=\frac{1}{e}\cdot e^x+\frac{2\cdot 2^x}{\log 2}+C$$

$$=e^{x-1}+\frac{2^{x+1}}{\log 2}+C$$

43 (1) $\displaystyle\int(3x+1)\sqrt{3x-2}\,dx$

$3x-2=t$ とおくと

$$\frac{dt}{dx}=3 \quad\text{より}\quad dx=\frac{1}{3}dt$$

$$\int(3x+1)\sqrt{3x-2}\,dx$$

$$=\int(t+3)\sqrt{t}\cdot\frac{1}{3}\,dt$$

$$=\frac{1}{3}\int(t^{\frac{3}{2}}+3t^{\frac{1}{2}})\,dt$$

$$=\frac{2}{15}t^{\frac{5}{2}}+\frac{2}{3}t^{\frac{3}{2}}+C$$

$$=\frac{2}{15}t^{\frac{3}{2}}(t+5)+C$$

$$=\frac{2}{15}(3x-2)\sqrt{3x-2}(3x-2+5)+C$$

$$=\frac{2}{5}(x+1)(3x-2)\sqrt{3x-2}+C$$

(2) $\displaystyle\int xe^{1-x^2}\,dx$

$1-x^2=t$ とおくと

$$\frac{dt}{dx}=-2x \quad\text{より}\quad x\,dx=-\frac{1}{2}dt$$

$$\int xe^{1-x^2}\,dx$$

$$=\int e^{1-x^2}x\,dx$$

$$=-\frac{1}{2}\int e^t\,dt$$

$$=-\frac{1}{2}e^t+C$$

$$=-\frac{1}{2}e^{1-x^2}+C$$

(3) $\log x=t$ とおくと $\dfrac{1}{x}dx=dt$

$$\int\frac{\log x}{x}\,dx$$

$$=\int(\log x)\cdot\frac{1}{x}\,dx$$

$$=\int t\,dt$$

$$=\frac{1}{2}t^2+C$$

$$=\frac{1}{2}(\log x)^2+C$$

(4) $e^x=t$ とおくと

$$\frac{dt}{dx}=e^x \quad\text{より}\quad e^x\,dx=dt$$

$$\int \frac{e^x}{(e^x-1)(e^x+1)}\,dx$$
$$=\int \frac{1}{(e^x-1)(e^x+1)}e^x\,dx$$
$$=\int \frac{1}{(t-1)(t+1)}\,dt$$
$$=\frac{1}{2}\int\left(\frac{1}{t-1}-\frac{1}{t+1}\right)dt$$
$$=\frac{1}{2}(\log|t-1|-\log|t+1|)+C$$
$$=\frac{1}{2}\log\left|\frac{t-1}{t+1}\right|+C$$
$$=\boldsymbol{\frac{1}{2}\log\left|\frac{e^x-1}{e^x+1}\right|+C}$$

44 (1) $\displaystyle\int x\log x\,dx$
$$=\int\left(\frac{1}{2}x^2\right)'\log x\,dx$$
$$=\frac{1}{2}x^2\log x-\int\frac{1}{2}x^2\cdot\frac{1}{x}\,dx$$
$$=\frac{1}{2}x^2\log x-\frac{1}{2}\int x\,dx$$
$$=\boldsymbol{\frac{1}{2}x^2\log x-\frac{1}{4}x^2+C}$$

(2) $\displaystyle\int x\cos x\,dx$
$$=\int x(\sin x)'\,dx$$
$$=x\sin x-\int x'\sin x\,dx$$
$$=x\sin x-\int \sin x\,dx$$
$$=\boldsymbol{x\sin x+\cos x+C}$$

(3) $\displaystyle\int x^2 e^x\,dx=\int x^2(e^x)'\,dx$
$$=x^2 e^x-\int 2xe^x\,dx$$
$$=x^2 e^x-2\int x(e^x)'\,dx$$
$$=x^2 e^x-2\left(xe^x-\int e^x\,dx\right)$$
$$=x^2 e^x-2xe^x+2e^x+C$$
$$=\boldsymbol{e^x(x^2-2x+2)+C}$$

(4) $\displaystyle\int e^{-x}\sin x\,dx$
$$=\int(-e^{-x})'\sin x\,dx$$
$$=-e^{-x}\sin x+\int e^{-x}\cos x\,dx$$

ここで
$$\int e^{-x}\cos x\,dx$$
$$=\int(-e^{-x})'\cos x\,dx$$
$$=-e^{-x}\cos x+\int e^{-x}(-\sin x)\,dx$$
よって，
$$\int e^{-x}\sin x\,dx$$
$$=-e^{-x}\sin x-e^{-x}\cos x$$
$$\qquad\qquad -\int e^{-x}\sin x\,dx$$
$$2\int e^{-x}\sin x\,dx$$
$$=-e^{-x}(\sin x+\cos x)+C'$$
ゆえに，
$$\int e^{-x}\sin x\,dx$$
$$=\boldsymbol{-\frac{1}{2}e^{-x}(\sin x+\cos x)+C}$$
$$\left(C=\frac{C'}{2}\right)$$

別解 $\displaystyle\int e^{-x}\sin x\,dx$
$$=\int e^{-x}(-\cos x)'\,dx$$
$$=-e^{-x}\cos x-\int e^{-x}\cos x\,dx$$
ここで
$$\int e^{-x}\cos x\,dx$$
$$=\int e^{-x}(\sin x)'\,dx$$
$$=e^{-x}\sin x+\int e^{-x}\sin x\,dx$$
よって，
$$\int e^{-x}\sin x\,dx$$
$$=-e^{-x}\cos x-e^{-x}\sin x$$
$$\qquad\qquad -\int e^{-x}\sin x\,dx$$
$$2\int e^{-x}\sin x\,dx$$
$$=-e^{-x}(\sin x+\cos x)+C$$
ゆえに，
$$\int e^{-x}\sin x\,dx$$
$$=\boldsymbol{-\frac{1}{2}e^{-x}(\sin x+\cos x)+C}$$

45 (1) $\displaystyle\int\cos 3x\sin 2x\,dx$

$\displaystyle=\frac{1}{2}\int(\sin 5x-\sin x)\,dx$

$\displaystyle=\frac{1}{2}\left(-\frac{1}{5}\cos 5x+\cos x\right)+C$

$\displaystyle=-\frac{1}{10}\cos 5x+\frac{1}{2}\cos x+C$

(2) $\displaystyle\int\sin^3 x\,dx=\int(1-\cos^2 x)\sin x\,dx$

$\cos x=t$ とおくと $-\sin x\,dx=dt$

より

$\displaystyle=\int(\cos^2 x-1)(-\sin x)\,dx$

$\displaystyle=\int(t^2-1)\,dt$

$\displaystyle=\frac{1}{3}t^3-t+C$

$\displaystyle=\frac{1}{3}\cos^3 x-\cos x+C$

別解

3倍角の公式より

$\sin 3x=3\sin x-4\sin^3 x$

$\displaystyle\sin^3 x=\frac{1}{4}(3\sin x-\sin 3x)$

$\displaystyle\int\sin^3 x\,dx$

$\displaystyle=\frac{1}{4}\int(3\sin x-\sin 3x)\,dx$

$\displaystyle=-\frac{3}{4}\cos x+\frac{1}{12}\cos 3x+C$

$\left(\begin{array}{l}\cos 3x=4\cos^3 x-3\cos x \text{ を代入すれば}\\ \dfrac{1}{3}\cos^3 x-\cos x+C \text{ となる。}\end{array}\right)$

(注) 三角関数では答えの形が異なることもある。

46 (1) $\displaystyle\frac{2x^3}{1+x^2}=2x-\frac{2x}{1+x^2}$ だから

$\displaystyle\int_0^1\frac{2x^3}{1+x^2}\,dx=\int_0^1\left(2x-\frac{2x}{1+x^2}\right)dx$

$\displaystyle=\int_0^1 2x\,dx-\int_0^1\frac{(1+x^2)'}{1+x^2}\,dx$

$\displaystyle=\Big[x^2\Big]_0^1-\Big[\log(1+x^2)\Big]_0^1$

$=1-\log 2$

(2) $\displaystyle\frac{4x-1}{2x^2+5x+2}$

$\displaystyle=\frac{4x-1}{(x+2)(2x+1)}$

$\displaystyle=\frac{A}{x+2}+\frac{B}{2x+1}$

とおいて A, B を決定する。

分母を払って

$4x-1=A(2x+1)+B(x+2)$

$\qquad=(2A+B)x+A+2B$

$2A+B=4$ ……①

$A+2B=-1$ ……②

①, ②を解いて $A=3$, $B=-2$

$\displaystyle\int_0^1\frac{4x-1}{2x^2+5x+2}\,dx$

$\displaystyle=\int_0^1\left(\frac{3}{x+2}-\frac{2}{2x+1}\right)dx$

$\displaystyle=\Big[3\log|x+2|\Big]_0^1-\Big[\log|2x+1|\Big]_0^1$

$=3(\log 3-\log 2)-\log 3$

$=2\log 3-3\log 2$

47 (1) $\sqrt{x-1}=t$ とおくと

$x=t^2+1$ より

$dx=2t\,dt$

x	$2\rightarrow 5$
t	$1\rightarrow 2$

$\displaystyle\int_2^5\frac{x}{\sqrt{x-1}}\,dx$

$\displaystyle=\int_1^2\frac{t^2+1}{t}\cdot 2t\,dt$

$\displaystyle=2\Big[\frac{1}{3}t^3+t\Big]_1^2$

$\displaystyle=2\left(\frac{8}{3}+2-\frac{1}{3}-1\right)=\frac{20}{3}$

(2) $1+\cos^2 x=t$ とおくと

$-\sin 2x\,dx=dt$

x	$0\rightarrow\dfrac{\pi}{4}$
t	$2\rightarrow\dfrac{3}{2}$

$\displaystyle\int_0^{\frac{\pi}{4}}\frac{\sin 2x}{1+\cos^2 x}\,dx$

$\displaystyle=\int_2^{\frac{3}{2}}\frac{1}{t}(-dt)$

$\displaystyle=\int_{\frac{3}{2}}^2\frac{1}{t}\,dt=\Big[\log|t|\Big]_{\frac{3}{2}}^2$

$\displaystyle=\log 2-\log\frac{3}{2}=\log\frac{4}{3}$

25

別解

$\cos x=t$ とおくと

$-\sin x\,dx=dt$

x	$0 \to \dfrac{\pi}{4}$
t	$1 \to \dfrac{1}{\sqrt{2}}$

$\displaystyle\int_0^{\frac{\pi}{4}}\frac{\sin 2x}{1+\cos^2 x}\,dx$

$\displaystyle=\int_0^{\frac{\pi}{4}}\frac{2\sin x\cos x}{1+\cos^2 x}\,dx$

$\displaystyle=\int_1^{\frac{1}{\sqrt2}}\frac{2t}{1+t^2}(-dt)$

$\displaystyle=\int_{\frac{1}{\sqrt2}}^{1}\frac{(1+t^2)'}{1+t^2}\,dt$

$\displaystyle=\Big[\log(1+t^2)\Big]_{\frac{1}{\sqrt2}}^{1}$

$\displaystyle=\log 2-\log\frac{3}{2}=\boldsymbol{\log\frac{4}{3}}$

別解 （置換しない場合）

$\displaystyle\int_0^{\frac{\pi}{4}}\frac{\sin 2x}{1+\cos^2 x}\,dx$

$\displaystyle=\int_0^{\frac{\pi}{4}}\frac{\sin 2x}{1+\dfrac{1+\cos 2x}{2}}\,dx$

$\displaystyle=\int_0^{\frac{\pi}{4}}\frac{2\sin 2x}{3+\cos 2x}\,dx$

$\displaystyle=-\int_0^{\frac{\pi}{4}}\frac{(3+\cos 2x)'}{3+\cos 2x}\,dx$

$\displaystyle=-\Big[\log(3+\cos 2x)\Big]_0^{\frac{\pi}{4}}$

$\displaystyle=-\log 3+\log 4=\boldsymbol{\log\frac{4}{3}}$

(3) $-x^2=t$ とおくと

$-2x\,dx=dt$

x	$0 \to 1$
t	$0 \to -1$

$x\,dx=-\dfrac{1}{2}dt$

$\displaystyle\int_0^1 xe^{-x^2}\,dx$

$\displaystyle=\int_0^{-1}e^{-x^2}x\,dx$

$\displaystyle=\int_0^{-1}e^{t}\left(-\frac{1}{2}\right)dt$

$\displaystyle=\frac{1}{2}\int_{-1}^{0}e^t\,dt=\frac{1}{2}\Big[e^t\Big]_{-1}^{0}=\boldsymbol{\frac{1}{2}\Big(1-\frac{1}{e}\Big)}$

(4) $\log x=t$ とおくと

$\dfrac{1}{x}dx=dt$

x	$\dfrac{1}{e} \to e$
t	$-1 \to 1$

$\displaystyle\int_{\frac{1}{e}}^{e}\frac{(\log x)^2}{x}\,dx$

$\displaystyle=\int_{\frac{1}{e}}^{e}(\log x)^2\cdot\frac{1}{x}\,dx$

$\displaystyle=\int_{-1}^{1}t^2\,dt=\Big[\frac{1}{3}t^3\Big]_{-1}^{1}=\boldsymbol{\frac{2}{3}}$

48 (1) $\displaystyle\int_1^e \log x\,dx$

$\displaystyle=\int_1^e x'\log x\,dx$

$\displaystyle=\Big[x\log x\Big]_1^e-\int_1^e x\cdot\frac{1}{x}\,dx$

$\displaystyle=e-\Big[x\Big]_1^e$

$\displaystyle=e-(e-1)=\boldsymbol{1}$

(2) $\displaystyle\int_0^1 xe^{-2x}\,dx=\int_0^1 x\left(-\frac{1}{2}e^{-2x}\right)'dx$

$\displaystyle=\Big[-\frac{1}{2}xe^{-2x}\Big]_0^1+\frac{1}{2}\int_0^1 e^{-2x}\,dx$

$\displaystyle=-\frac{1}{2}e^{-2}+\frac{1}{2}\Big[-\frac{1}{2}e^{-2x}\Big]_0^1$

$\displaystyle=-\frac{1}{2}e^{-2}-\frac{1}{4}(e^{-2}-1)$

$\displaystyle=\boldsymbol{\frac{1}{4}\Big(1-\frac{3}{e^2}\Big)}$

(3) $\displaystyle\int_0^{\pi}x\sin x\,dx$

$\displaystyle=\int_0^{\pi}x(-\cos x)'\,dx$

$\displaystyle=\Big[-x\cos x\Big]_0^{\pi}+\int_0^{\pi}\cos x\,dx$

$\displaystyle=\pi+\Big[\sin x\Big]_0^{\pi}=\boldsymbol{\pi}$

(4) $\displaystyle\int_0^{\pi}e^x\sin x\,dx$

$\displaystyle=\int_0^{\pi}(e^x)'\sin x\,dx$

$\displaystyle=\Big[e^x\sin x\Big]_0^{\pi}-\int_0^{\pi}e^x\cos x\,dx$

$\displaystyle=0-\int_0^{\pi}(e^x)'\cos x\,dx$

$\displaystyle=-\Big[e^x\cos x\Big]_0^{\pi}-\int_0^{\pi}e^x\sin x\,dx$

ゆえに,

$$2\int_0^\pi e^x \sin x \, dx$$

$$=-\Big[e^x \cos x\Big]_0^\pi = e^\pi + 1$$

よって,

$$\int_0^\pi e^x \sin x \, dx = \frac{1}{2}(e^\pi + 1)$$

49 (1) $x = \sin\theta$ とおくと

$$dx = \cos\theta \, d\theta$$

x	$0 \to \dfrac{1}{2}$
θ	$0 \to \dfrac{\pi}{6}$

$$\int_0^{\frac{1}{2}} x^2 \sqrt{1-x^2} \, dx$$

$$=\int_0^{\frac{\pi}{6}} \sin^2\theta \sqrt{1-\sin^2\theta} \cos\theta \, d\theta$$

$$=\int_0^{\frac{\pi}{6}} \sin^2\theta \cos^2\theta \, d\theta$$

$$=\frac{1}{4}\int_0^{\frac{\pi}{6}} \sin^2 2\theta \, d\theta$$

$$=\frac{1}{4}\int_0^{\frac{\pi}{6}} \frac{1-\cos 4\theta}{2} \, d\theta$$

$$=\frac{1}{8}\Big[\theta - \frac{1}{4}\sin 4\theta\Big]_0^{\frac{\pi}{6}}$$

$$=\frac{1}{8}\Big(\frac{\pi}{6} - \frac{\sqrt{3}}{8}\Big)$$

$$=\frac{1}{16}\Big(\frac{\pi}{3} - \frac{\sqrt{3}}{4}\Big)$$

(2) $x = \dfrac{1}{3}\tan\theta$ とおくと

$$dx = \frac{d\theta}{3\cos^2\theta}$$

x	$0 \to \dfrac{1}{3}$
θ	$0 \to \dfrac{\pi}{4}$

$$\int_0^{\frac{1}{3}} \frac{dx}{9x^2+1}$$

$$=\int_0^{\frac{\pi}{4}} \frac{1}{\tan^2\theta+1} \cdot \frac{d\theta}{3\cos^2\theta}$$

$$=\frac{1}{3}\int_0^{\frac{\pi}{4}} d\theta = \frac{1}{3}\Big[\theta\Big]_0^{\frac{\pi}{4}} = \frac{\pi}{12}$$

50 $|\log t - x| = \begin{cases} \log t - x & (e^x \leqq t \leqq e) \\ -\log t + x & (1 \leqq t \leqq e^x) \end{cases}$

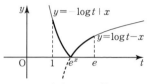

$$\begin{pmatrix} \log t - x = 0 \text{ となる } t \text{ の値は } t = e^x \\ 0 \leqq x \leqq 1 \text{ より } 1 \leqq e^x \leqq e \text{ だから} \\ y = |\log t - x| \text{ のグラフは積分区間} \\ [1,\ e] \text{ で } t \text{ 軸上の上側にある。} \end{pmatrix}$$

$$g(x) = \int_1^e |\log t - x| \, dt$$

$$=\int_1^{e^x}(-\log t + x) \, dt + \int_{e^x}^e (\log t - x) \, dt$$

$$=\Big[-t\log t + t + xt\Big]_1^{e^x}$$

$$\qquad\qquad + \Big[t\log t - t - xt\Big]_{e^x}^e$$

$$=(-e^x \cdot x + e^x + xe^x) - (1+x)$$

$$\qquad + (e - e - ex) - (e^x \cdot x - e^x - xe^x)$$

$$=2e^x - (e+1)x - 1$$

$g'(x) = 2e^x - (e+1) = 0$ となる x の値は

$$e^x = \frac{e+1}{2} \text{ から } x = \log\frac{e+1}{2}$$

x	0	$\cdots$	$\log\dfrac{e+1}{2}$	$\cdots$	1
$g'(x)$		$-$	0	$+$	
$g(x)$		$\searrow$	極小	$\nearrow$	

上の増減表より，最小となる x の値は

$$x = \log\frac{e+1}{2}$$

のときで，最小値は

$$g\Big(\log\frac{e+1}{2}\Big)$$

$$=2e^{\log\frac{e+1}{2}} - (e+1)\log\frac{e+1}{2} - 1$$

$$e^{\log\frac{e+1}{2}} = \frac{e+1}{2} \text{ だから}$$

$$=2 \cdot \frac{e+1}{2} - (e+1)\log\frac{e+1}{2} - 1$$

$$=e - (e+1)\log\frac{e+1}{2}$$

51 $\int_0^1 tg(t)\,dt=a$, $\int_0^1 f(t)\,dt=b$

（a，b は定数）とおくと

$f(x)=x^2+a$，$g(x)=e^{-x}+bx$ と表せる。

$$a=\int_0^1 t(e^{-t}+bt)\,dt$$

$$=\int_0^1 t(-e^{-t})'\,dt+\int_0^1 bt^2\,dt$$

$$=\Big[-te^{-t}\Big]_0^1+\int_0^1 e^{-t}\,dt+\Big[\frac{1}{3}bt^3\Big]_0^1$$

$$=-e^{-1}+\Big[-e^{-t}\Big]_0^1+\frac{1}{3}b$$

$$=-e^{-1}+(-e^{-1}+1)+\frac{1}{3}b$$

よって，$a=\dfrac{1}{3}b-\dfrac{2}{e}+1$ ……①

$$b=\int_0^1 (t^2+a)\,dt=\Big[\frac{1}{3}t^3+at\Big]_0^1$$

よって，$b=\dfrac{1}{3}+a$ ……②

①，②を解いて

$$a=\frac{5}{3}-\frac{3}{e},\quad b=2-\frac{3}{e}$$

ゆえに，$f(x)=x^2+\dfrac{5}{3}-\dfrac{3}{e}$

$$g(x)=e^{-x}+\Big(2-\frac{3}{e}\Big)x$$

52 $F(x)=-\dfrac{x}{2}+\displaystyle\int_0^x tf(x-t)\,dt$ ……①

$x-t=u$ とおくと

$dt=-du$

t	$0 \to x$
u	$x \to 0$

$$F(x)=-\frac{x}{2}+\int_x^0 (x-u)f(u)(-du)$$

$$=-\frac{x}{2}+\int_0^x (x-u)f(u)\,du$$

$$=-\frac{x}{2}+x\int_0^x f(u)\,du$$

$$\qquad -\int_0^x uf(u)\,du$$

両辺を x で微分すると

$$F'(x)=-\frac{1}{2}+\int_0^x f(u)\,du+\overbrace{xf(x)}$$

$$\qquad -\overbrace{xf(x)} \quad ……②$$

再び両辺を x で微分すると

$$F''(x)=f(x)\quad \text{よって，}\ f(x)=\sin x$$

$$F'(x)=\int\sin x\,dx=-\cos x+C_1$$

$$F(x)=\int(-\cos x+C_1)\,dx$$

$$=-\sin x+C_1 x+C_2$$

ここで，①，②に $x=0$ を代入すると

$$F(0)=0,\quad F'(0)=-\frac{1}{2}$$

$$F'(0)=-\cos 0+C_1=-\frac{1}{2}$$

よって，$C_1=\dfrac{1}{2}$

$$F(0)=C_2=0$$

ゆえに，$\boldsymbol{F(x)=-\sin x+\dfrac{1}{2}x}$

53 (1) $\sqrt{x}+\sqrt{y}=1$

$\sqrt{y}=1-\sqrt{x}$

$y=1-2\sqrt{x}+x$

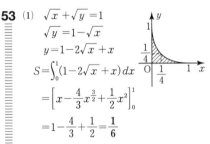

$$S=\int_0^1 (1-2\sqrt{x}+x)\,dx$$

$$=\Big[x-\frac{4}{3}x^{\frac{3}{2}}+\frac{1}{2}x^2\Big]_0^1$$

$$=1-\frac{4}{3}+\frac{1}{2}=\frac{1}{6}$$

(2) $S=\displaystyle\int_1^{2\sqrt{2}} \log x\,dx$

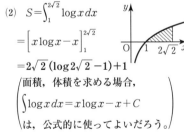

$$=\Big[x\log x-x\Big]_1^{2\sqrt{2}}$$

$$=2\sqrt{2}\,(\log 2\sqrt{2}-1)+1$$

$$\left(\begin{array}{l}\text{面積，体積を求める場合，}\\[2pt]\displaystyle\int\log x\,dx=x\log x-x+C\\[2pt]\text{は，公式的に使ってよいだろう。}\end{array}\right)$$

(3) 曲線の交点は

$2\cos x=3\tan x$，$2\cos^2 x=3\sin x$

$2\sin^2 x+3\sin x-2=0$

$(2\sin x-1)(\sin x+2)=0$

$\sin x=\dfrac{1}{2}$ $\quad 0\le x\le\dfrac{\pi}{2}$ より $x=\dfrac{\pi}{6}$

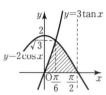

$$S=\int_0^{\frac{\pi}{6}}3\tan x\,dx+\int_{\frac{\pi}{6}}^{\frac{\pi}{2}}2\cos x\,dx$$

$$=3\int_0^{\frac{\pi}{6}}\frac{(-\cos x)'}{\cos x}\,dx+2\int_{\frac{\pi}{6}}^{\frac{\pi}{3}}\cos x\,dx$$

$$=\Bigl[-3\log|\cos x|\Bigr]_0^{\frac{\pi}{6}}+\Bigl[2\sin x\Bigr]_{\frac{\pi}{6}}^{\frac{\pi}{2}}$$

$$=-3\Bigl(\log\frac{\sqrt{3}}{2}-0\Bigr)+2\Bigl(1-\frac{1}{2}\Bigr)$$

$$=\mathbf{1-3\log\frac{\sqrt{3}}{2}}$$

54 (1) 接点を $(t,\ e^t)$ とおくと

$y'=e^x$ だから接線の方程式は

$$y-e^t=e^t(x-t)$$

これが点 $(0,\ 0)$ を通るから

$$e^t(t-1)=0$$

$$t=1$$

よって $y=ex$

求める面積 S は

右図の斜線部分だ
から

$$S=\int_0^1(e^x-ex)\,dx=\Bigl[e^x-\frac{1}{2}ex^2\Bigr]_0^1$$

$$=\Bigl(e-\frac{1}{2}e\Bigr)-1=\frac{1}{2}\boldsymbol{e}-1$$

(2) 接点の x 座標を $x=t$ とおく。

①より $y'=2cx$, ②より $y'=\dfrac{1}{x}$

①と②が接するから

$$2ct=\frac{1}{t}\quad\cdots\cdots③,$$

$$ct^2=\log t\quad\cdots\cdots④$$

③, ④より $\log t=\dfrac{1}{2}$

よって, $t=\sqrt{e}$ より $\boldsymbol{c}=\dfrac{1}{2\boldsymbol{e}}$

これより

$$y=\frac{1}{2e}x^2\quad\cdots\cdots①,$$

$$y=\log x\quad\cdots\cdots②$$

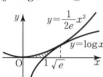

求める面積 S は,上図の斜線部分であるから

$$S=\int_0^{\sqrt{e}}\frac{1}{2e}x^2\,dx-\int_1^{\sqrt{e}}\log x\,dx$$

$$=\frac{1}{6e}\Bigl[x^3\Bigr]_0^{\sqrt{e}}-\Bigl[x\log x-x\Bigr]_1^{\sqrt{e}}$$

$$=\frac{1}{6}\sqrt{e}-\Bigl(\frac{1}{2}\sqrt{e}-\sqrt{e}+1\Bigr)$$

$$=\frac{2}{3}\sqrt{e}-1$$

55 2つの曲線を

$$y=\sin 2x\quad\cdots\cdots①$$

$$y=k\sin x\quad\cdots\cdots②\quad とおく。$$

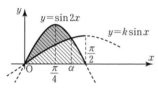

①と②の交点の x 座標を $x=\alpha$ とすると

$$\sin 2\alpha=k\sin\alpha$$

$$2\sin\alpha\cos\alpha=k\sin\alpha$$

$$\sin\alpha(2\cos\alpha-k)=0$$

$\sin\alpha\neq0$ だから

$$\cos\alpha=\frac{k}{2}$$

$$(0<\cos\alpha<1\ \text{より}\ 0<k<2)$$

$$\cdots\cdots③$$

①と x 軸とで囲まれる部分の面積は

$$S=\int_0^{\frac{\pi}{2}}\sin 2x\,dx=\Bigl[-\frac{1}{2}\cos 2x\Bigr]_0^{\frac{\pi}{2}}=1$$

①と②で囲まれる部分の面積が $\dfrac{1}{2}$ になればよいから

$\displaystyle\int_0^\alpha(\sin 2x - k\sin x)\,dx$

$\displaystyle = \left[-\frac{1}{2}\cos 2x + k\cos x\right]_0^\alpha$

$\displaystyle = -\frac{1}{2}\cos 2\alpha + k\cos\alpha + \frac{1}{2} - k = \frac{1}{2}$

$\cos 2\alpha - 2k\cos\alpha + 2k = 0$

$2\cos^2\alpha - 2k\cos\alpha + 2k - 1 = 0$

これに③を代入すると

$\displaystyle\frac{k^2}{2} - k^2 + 2k - 1 = 0,\quad k^2 - 4k + 2 = 0$

よって，$k = 2 \pm \sqrt{2}$

③より $k = 2 - \sqrt{2}$

56 (1) $\begin{cases} l : y = x + a & \cdots\cdots① \\ C : y = 2\sin x & \cdots\cdots② \end{cases}$ とする。

接点の x 座標を t $(-\pi \leqq t \leqq \pi)$ とすると

$y = 2\sin x$ より $y' = 2\cos x$

接線 $l : y = x + a$ の傾きが1だから

$2\cos t = 1$ より $t = \dfrac{\pi}{3},\ -\dfrac{\pi}{3}$

接点の y 座標は等しいから

$\dfrac{\pi}{3} + a = 2\sin\dfrac{\pi}{3}$

よって，$a = \sqrt{3} - \dfrac{\pi}{3}$ (> 0)

$-\dfrac{\pi}{3} + a = 2\sin\left(-\dfrac{\pi}{3}\right)$

よって，$a = -\sqrt{3} + \dfrac{\pi}{3}$ (< 0)

$a \geqq 0$ だから $a = \sqrt{3} - \dfrac{\pi}{3}$

(2)

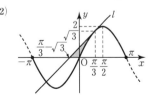

直線 l と x 軸との交点は

$y = x + \sqrt{3} - \dfrac{\pi}{3} = 0$ より $x = \dfrac{\pi}{3} - \sqrt{3}$

求める体積を V とすると，V は図の斜線部分を x 軸のまわりに回転させたものだから

$V = \dfrac{1}{3}\pi(\sqrt{3})^2\left(\dfrac{\pi}{3} - \dfrac{\pi}{3} + \sqrt{3}\right)$

$\qquad - \pi\displaystyle\int_0^{\frac{\pi}{3}}(2\sin x)^2\,dx$

$= \sqrt{3}\,\pi - \pi\displaystyle\int_0^{\frac{\pi}{3}}2(1 - \cos 2x)\,dx$

$= \sqrt{3}\,\pi - \pi\left[2x - \sin 2x\right]_0^{\frac{\pi}{3}}$

$= \sqrt{3}\,\pi - \pi\left(\dfrac{2}{3}\pi - \dfrac{\sqrt{3}}{2}\right)$

$= \dfrac{3\sqrt{3}}{2}\pi - \dfrac{2}{3}\pi^2$

別解

$\dfrac{\pi}{3}(\sqrt{3})^2\left(\dfrac{\pi}{3} - \dfrac{\pi}{3} + \sqrt{3}\right)$ は

$\pi\displaystyle\int_{\frac{\pi}{3}-\sqrt{3}}^{\frac{\pi}{3}}\left(x + \sqrt{3} - \dfrac{\pi}{3}\right)^2\,dx$

$= \pi\left[\dfrac{1}{3}\left(x + \sqrt{3} - \dfrac{\pi}{3}\right)^3\right]_{\frac{\pi}{3}-\sqrt{3}}^{\frac{\pi}{3}}$

$= \pi \cdot \dfrac{1}{3}(\sqrt{3})^3 = \sqrt{3}\,\pi$ としてもよい。

57

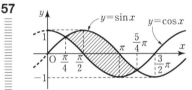

斜線部分を x 軸で折り返すと下図になる。

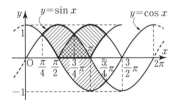

求める体積は上図の太線で囲まれた部分を x 軸のまわりに回転させたもので，直線 $x = \dfrac{3}{4}\pi$ について対称であるから

$$V=2\Big(\pi\int_{\frac{\pi}{4}}^{\frac{3}{4}\pi}\sin^2 x\,dx-\pi\int_{\frac{\pi}{4}}^{\frac{\pi}{2}}\cos^2 x\,dx\Big)$$

$$-\pi\int_{\frac{\pi}{4}}^{\frac{3}{4}\pi}(1-\cos 2x)\,dx$$

$$-\pi\int_{\frac{\pi}{4}}^{\frac{\pi}{2}}(1+\cos 2x)\,dx$$

$$=\pi\Big[x-\frac{1}{2}\sin 2x\Big]_{\frac{\pi}{4}}^{\frac{3}{4}\pi}$$

$$-\pi\Big[x+\frac{1}{2}\sin 2x\Big]_{\frac{\pi}{4}}^{\frac{\pi}{2}}$$

$$=\pi\Big(\frac{3}{4}\pi+\frac{1}{2}-\frac{\pi}{4}+\frac{1}{2}\Big)$$

$$-\pi\Big(\frac{\pi}{2}-\frac{\pi}{4}-\frac{1}{2}\Big)$$

$$=\frac{\pi^2}{4}+\frac{3}{2}\pi$$

$$=\frac{\pi}{4}(\pi+6)$$

58 (1) 求める体積を
V とすると
$y=e^x$ は
$x=\log y$ と
表せるから

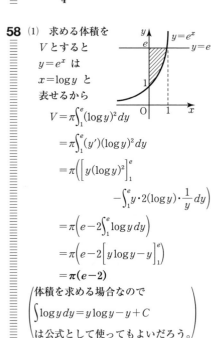

$$V=\pi\int_1^e(\log y)^2\,dy$$

$$=\pi\int_1^e(y')(\log y)^2\,dy$$

$$=\pi\Big(\Big[y(\log y)^2\Big]_1^e$$

$$-\int_1^e y\cdot 2(\log y)\cdot\frac{1}{y}\,dy\Big)$$

$$=\pi\Big(e-2\int_1^e\log y\,dy\Big)$$

$$=\pi\Big(e-2\Big[y\log y-y\Big]_1^e\Big)$$

$$=\pi(e-2)$$

$\Big($体積を求める場合なので
$\displaystyle\int\log y\,dy=y\log y-y+C$
は公式として使ってもよいだろう。$\Big)$

(2) 下図の斜線部分を回転させればよい。

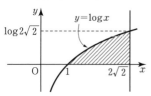

$y=\log x\Longleftrightarrow x=e^y$
だから,求める体積は

$$V=\pi\cdot(2\sqrt{2})^2\cdot\log 2\sqrt{2}$$

$$-\pi\int_0^{\log 2\sqrt{2}}(e^y)^2\,dy$$

$$=8\pi\cdot\log 2\sqrt{2}-\pi\Big[\frac{1}{2}e^{2y}\Big]_0^{\log 2\sqrt{2}}$$

$$=\pi\Big(8\log 2\sqrt{2}-\frac{1}{2}e^{2\log 2\sqrt{2}}+\frac{1}{2}\Big)$$

$$=\pi\Big(8\log 2^{\frac{3}{2}}-\frac{1}{2}e^{\log 8}+\frac{1}{2}\Big)$$

$$=\Big(12\log 2-\frac{7}{2}\Big)\pi\quad(e^{\log 8}=8)$$

(3) 求める立体の体積は

$$V=\pi\int_0^1 x^2\,dy$$

y についての積分を
x についての積分に
置換する。

($x=f(y)$ と表せないので)
$y=\sin x$
$dy=\cos x\,dx$

y	$0\ \rightarrow\ 1$
x	$0\ \rightarrow\ \dfrac{\pi}{2}$

$$V=\pi\int_0^1 x^2\,dy=\pi\int_0^{\frac{\pi}{2}}x^2\cos x\,dx$$

ここで

$$\int x^2\cos x\,dx=\int x^2(\sin x)'\,dx$$

$$=x^2\sin x-\int 2x\sin x\,dx$$

$$=x^2\sin x-\int 2x(-\cos x)'\,dx$$

$$=x^2\sin x+2x\cos x-\int 2\cos x\,dx$$

$$=x^2\sin x+2x\cos x-2\sin x+C$$

よって,

$$V = \pi\left[x^2\sin x + 2x\cos x - 2\sin x\right]_0^{\frac{\pi}{2}}$$
$$= \frac{\pi^3}{4} - 2\pi = \frac{\pi}{4}(\pi^2 - 8)$$

59 右図で

OQ $= x$ とすると

QR $= \sqrt{1-x^2}$

PR $=$ QR tan 45°
$= \sqrt{1-x^2}$

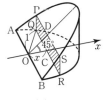

△PQR の面積を
$S(x)$ とすると

$$S(x) = \frac{1}{2}\cdot QR \cdot PR = \frac{1}{2}(1-x^2)$$

よって，求める体積を V とすると

$$V = \int_{-1}^{1}\frac{1}{2}(1-x^2)\,dx = \int_0^1(1-x^2)\,dx$$
$$= \left[x - \frac{1}{3}x^3\right]_0^1 = \frac{2}{3}$$

別解

右図で

OC $= x$ とすると

CQ $= \sqrt{1-x^2}$

CD $= x\tan 45°$
$= x$

長方形 PQRS の面積を $S(x)$ とすると

$$S(x) = QR \cdot CD = 2\sqrt{1-x^2}\cdot x$$

よって，求める体積 V は

$$V = \int_0^1 S(x)\,dx = \int_0^1 2\sqrt{1-x^2}\cdot x\,dx$$

$1-x^2 = t$ とおくと

$$dx = -\frac{dt}{2x}$$

x	$0 \to 1$
t	$1 \to 0$

$$= \int_1^0 2\sqrt{t}\cdot x\cdot\left(-\frac{dt}{2x}\right)$$
$$= \int_0^1 t^{\frac{1}{2}}\,dt = \left[\frac{2}{3}t^{\frac{3}{2}}\right]_0^1 = \frac{2}{3}$$

60
$$\begin{cases} x = a\cos\theta \\ y = b\sin\theta \end{cases} \quad (0 \leqq \theta \leqq 2\pi) \text{ は}$$

$\dfrac{x}{a} = \cos\theta,\ \dfrac{y}{b} = \sin\theta$　より

$$\left(\frac{x}{a}\right)^2 + \left(\frac{y}{b}\right)^2 = \cos^2\theta + \sin^2\theta = 1$$

よって，$\dfrac{x^2}{a^2} + \dfrac{y^2}{b^2} = 1$

求める面積は斜線部分の 2 倍である。

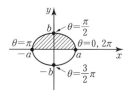

$$dx = -a\sin\theta\,d\theta$$

x	$-a \to a$
θ	$\pi \to 0$

$$S = 2\int_{-a}^{a} y\,dx$$
$$= 2\int_{\pi}^{0} b\sin\theta(-a\sin\theta)\,d\theta$$
$$= 2ab\int_0^{\pi}\sin^2\theta\,d\theta$$
$$= 2ab\int_0^{\pi}\frac{1-\cos 2\theta}{2}\,d\theta$$
$$= ab\left[\theta - \frac{1}{2}\sin 2\theta\right]_0^{\pi} = \pi ab$$

$$V = \pi\int_{-a}^{a} y^2\,dx$$
$$= \pi\int_{\pi}^{0}(b\sin\theta)^2(-a\sin\theta)\,d\theta$$
$$= \pi ab^2\int_0^{\pi}(1-\cos^2\theta)\sin\theta\,d\theta$$

$\cos\theta = t$ とおくと

$-\sin\theta\,d\theta = dt$

θ	$0 \to \pi$
t	$1 \to -1$

$$V = \pi ab^2\int_1^{-1}(1-t^2)\sin\theta\left(-\frac{dt}{\sin\theta}\right)$$
$$= \pi ab^2\int_{-1}^{1}(1-t^2)\,dt$$
$$= 2\pi ab^2\int_0^1(1-t^2)\,dt$$
$$= 2\pi ab^2\left[t - \frac{1}{3}t^3\right]_0^1 = 2\pi ab^2\left(1 - \frac{1}{3}\right)$$
$$= \frac{4}{3}\pi ab^2$$

別解

$$V = \pi\int_{-a}^{a} y^2\,dx = 2\pi\int_0^a\left(b^2 - \frac{b^2}{a^2}x^2\right)dx$$
$$= 2\pi\frac{b^2}{a^2}\int_0^a(a^2 - x^2)\,dx$$
$$= 2\pi\frac{b^2}{a^2}\left[a^2 x - \frac{1}{3}x^3\right]_0^a$$
$$= 2\pi\frac{b^2}{a^2}\left(a^3 - \frac{1}{3}a^3\right) = \frac{4}{3}\pi ab^2$$

（**参考**）y 軸のまわりに回転してできる

立体の体積は $\dfrac{4}{3}\pi a^2 b$ である。

61 (1) $\displaystyle\lim_{n\to\infty}\frac{1}{n\sqrt{n}}(\sqrt{2}+\sqrt{4}+\cdots\cdots+\sqrt{2n})$

$\displaystyle=\lim_{n\to\infty}\frac{1}{n}\left(\sqrt{\frac{2}{n}}+\sqrt{\frac{4}{n}}+\cdots\cdots+\sqrt{\frac{2n}{n}}\right)$

$\displaystyle=\lim_{n\to\infty}\frac{1}{n}\sum_{k=1}^{n}\sqrt{\frac{2k}{n}}=\int_{0}^{1}\sqrt{2x}\,dx$

$\displaystyle=\left[\sqrt{2}\cdot\frac{2}{3}x^{\frac{3}{2}}\right]_{0}^{1}=\frac{2\sqrt{2}}{3}$

(2) $\displaystyle P=\frac{1}{n}\sqrt[n]{(n+1)(n+2)\cdots\cdots(n+n)}$

とおき，両辺の自然対数をとると

$\log P$

$\displaystyle=\log\frac{1}{n}\sqrt[n]{(n+1)(n+2)\cdots\cdots(n+n)}$

$\displaystyle=\frac{1}{n}\log(n+1)(n+2)\cdots$

$\displaystyle\qquad\qquad\cdots(n+n)-\log n$

$\displaystyle=\frac{1}{n}\{\log(n+1)+\log(n+2)+\cdots\cdots$

$\displaystyle\qquad\qquad+\log(n+n)-n\log n\}$

$\displaystyle=\frac{1}{n}\{(\log(n+1)-\log n)$

$\displaystyle\qquad+(\log(n+2)-\log n)+\cdots$

$\displaystyle\qquad\qquad\cdots+(\log(n+n)-\log n)\}$

$\displaystyle=\frac{1}{n}\left\{\log\frac{n+1}{n}+\log\frac{n+2}{n}+\cdots\right.$

$\displaystyle\qquad\qquad\left.\cdots+\log\frac{n+n}{n}\right\}$

$\displaystyle=\frac{1}{n}\left\{\log\left(1+\frac{1}{n}\right)+\log\left(1+\frac{2}{n}\right)+\cdots\right.$

$\displaystyle\qquad\qquad\left.\cdots+\log\left(1+\frac{n}{n}\right)\right\}$

$\displaystyle=\frac{1}{n}\sum_{k=1}^{n}\log\left(1+\frac{k}{n}\right)$

よって，

$\displaystyle\lim_{n\to\infty}\log P=\lim_{n\to\infty}\frac{1}{n}\sum_{k=1}^{n}\log\left(1+\frac{k}{n}\right)$

$\displaystyle=\int_{0}^{1}\log(1+x)\,dx$

$\displaystyle=\int_{0}^{1}(1+x)'\log(1+x)\,dx$

$\displaystyle=\left[(1+x)\log(1+x)\right]_{0}^{1}-\int_{0}^{1}dx$

$\displaystyle=2\log 2-\left[x\right]_{0}^{1}$

$\displaystyle=2\log 2-1=\log\frac{4}{e}$

ゆえに，$\displaystyle\lim_{n\to\infty}\log P=\log\frac{4}{e}$ となるから

$\displaystyle\lim_{n\to\infty}P=\frac{4}{e}$

(参考) $\displaystyle P=\frac{1}{n}\sqrt[n]{(n+1)(n+2)\cdots(n+n)}$

$\displaystyle=\sqrt[n]{\frac{(n+1)(n+2)\cdots(n+n)}{n^{n}}}$

として，両辺の自然対数をとってもよい。

62 (1) $x=\sin\theta$ とおくと

$dx=\cos\theta\,d\theta$

x	$0\ \to\ \dfrac{1}{\sqrt{2}}$
θ	$0\ \to\ \dfrac{\pi}{4}$

$\displaystyle\int_{0}^{\frac{1}{\sqrt{2}}}\frac{1}{\sqrt{1-x^{2}}}\,dx$

$\displaystyle=\int_{0}^{\frac{\pi}{4}}\frac{1}{\sqrt{1-\sin^{2}\theta}}\cdot\cos\theta\,d\theta$

$\displaystyle=\int_{0}^{\frac{\pi}{4}}\frac{\cos\theta}{\cos\theta}\,d\theta=\left[\theta\right]_{0}^{\frac{\pi}{4}}=\frac{\pi}{4}$

(2) $n\geqq 2$ のとき，区間 $0\leqq x\leqq\dfrac{1}{\sqrt{2}}$ で

$\displaystyle 1\leqq\frac{1}{\sqrt{1-x^{n}}}\leqq\frac{1}{\sqrt{1-x^{2}}}$

が成り立つ。

$\displaystyle\int_{0}^{\frac{1}{\sqrt{2}}}dx\leqq\int_{0}^{\frac{1}{\sqrt{2}}}\frac{1}{\sqrt{1-x^{n}}}\,dx\leqq\int_{0}^{\frac{1}{\sqrt{2}}}\frac{1}{\sqrt{1-x^{2}}}\,dx$

$\displaystyle\int_{0}^{\frac{1}{\sqrt{2}}}dx=\left[x\right]_{0}^{\frac{1}{\sqrt{2}}}=\frac{1}{\sqrt{2}}$

と(1)の結果より

$\displaystyle\frac{1}{\sqrt{2}}\leqq\int_{0}^{\frac{1}{\sqrt{2}}}\frac{1}{\sqrt{1-x^{n}}}\,dx\leqq\frac{\pi}{4}$

が成り立つ。

63 関数 $f(x)=\dfrac{1}{\sqrt{x}}$ で考える。

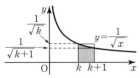

$f(x)=\dfrac{1}{\sqrt{x}}$ は減少関数である。自然数 k に対して，$k\leqq x\leqq k+1$ において

$$\frac{1}{\sqrt{k+1}} \le \frac{1}{\sqrt{x}} \le \frac{1}{\sqrt{k}}$$

$k < x < k+1$ では

$$\frac{1}{\sqrt{k+1}} < \frac{1}{\sqrt{x}} < \frac{1}{\sqrt{k}} \quad だから$$

$$\int_k^{k+1} \frac{1}{\sqrt{k+1}}\,dx < \int_k^{k+1} \frac{1}{\sqrt{x}}\,dx$$
$$< \int_k^{k+1} \frac{1}{\sqrt{k}}\,dx$$

よって，$\dfrac{1}{\sqrt{k+1}} < \displaystyle\int_k^{k+1} \frac{1}{\sqrt{x}}\,dx < \dfrac{1}{\sqrt{k}}$

(i) $\dfrac{1}{\sqrt{k+1}} < \displaystyle\int_k^{k+1} \frac{1}{\sqrt{x}}\,dx$ において

$k=1,\ 2,\ 3,\ \cdots,\ n-1$ を代入して

辺々加えると

$$（左辺）=\frac{1}{\sqrt{2}} + \frac{1}{\sqrt{3}} + \cdots + \frac{1}{\sqrt{n}}$$

$$（右辺）=\int_1^2 \frac{1}{\sqrt{x}}\,dx + \int_2^3 \frac{1}{\sqrt{x}}\,dx + \cdots$$
$$+ \int_{n-1}^n \frac{1}{\sqrt{x}}\,dx$$

$$= \int_1^n \frac{1}{\sqrt{x}}\,dx$$

$$= \left[2\sqrt{x}\right]_1^n = 2\sqrt{n} - 2$$

よって，

$$\frac{1}{\sqrt{2}} + \frac{1}{\sqrt{3}} + \cdots + \frac{1}{\sqrt{n}} < 2\sqrt{n} - 2$$

両辺に1を加えて

$$1 + \frac{1}{\sqrt{2}} + \frac{1}{\sqrt{3}} + \cdots + \frac{1}{\sqrt{n}} < 2\sqrt{n} - 1$$

(ii) $\displaystyle\int_k^{k+1} \frac{1}{\sqrt{x}}\,dx < \dfrac{1}{\sqrt{k}}$ において

$k=1,\ 2,\ 3,\ \cdots,\ n$ を代入して

辺々加えると

$$（左辺）=\int_1^2 \frac{1}{\sqrt{x}}\,dx + \int_2^3 \frac{1}{\sqrt{x}}\,dx + \cdots$$
$$+ \int_n^{n+1} \frac{1}{\sqrt{x}}\,dx$$

$$= \int_1^{n+1} \frac{1}{\sqrt{x}}\,dx$$

$$= \left[2\sqrt{x}\right]_1^{n+1} = 2\sqrt{n+1} - 2$$

$$（右辺）=1 + \frac{1}{\sqrt{2}} + \frac{1}{\sqrt{3}} + \cdots + \frac{1}{\sqrt{n}}$$

よって，

$$2\sqrt{n+1} - 2$$
$$< 1 + \frac{1}{\sqrt{2}} + \frac{1}{\sqrt{3}} + \cdots + \frac{1}{\sqrt{n}}$$

ゆえに，(i)，(ii)よりすべての自然数に対して

$$2\sqrt{n+1} - 2 < 1 + \frac{1}{\sqrt{2}} + \frac{1}{\sqrt{3}} + \cdots$$
$$\cdots + \frac{1}{\sqrt{n}} \le 2\sqrt{n} - 1$$

が成り立つ。（等号は $n=1$ のとき）

64 $x = t + \sin t,\ y = 1 - \cos t$

$$\frac{dx}{dt} = 1 + \cos t,\quad \frac{dy}{dt} = \sin t$$

曲線の長さを L とすると

$$L = \int_0^\pi \sqrt{\left(\frac{dx}{dt}\right)^2 + \left(\frac{dy}{dt}\right)^2}\,dt$$

$$= \int_0^\pi \sqrt{(1+\cos t)^2 + \sin^2 t}\,dt$$

$$= \int_0^\pi \sqrt{1 + 2\cos t + \cos^2 t + \sin^2 t}\,dt$$

$$= \int_0^\pi \sqrt{2(1+\cos t)}\,dt$$

$$= \int_0^\pi \sqrt{2\left(1 + 2\cos^2 \frac{t}{2} - 1\right)}\,dt$$

$$= 2\int_0^\pi \left|\cos \frac{t}{2}\right|\,dt$$

$0 \le t \le \pi$ で $\cos \dfrac{t}{2} \ge 0$ だから

$$= 2\int_0^\pi \cos \frac{t}{2}\,dt$$

$$= 2\left[2\sin \frac{t}{2}\right]_0^\pi = \mathbf{4}$$

65 (1) $V = \pi \displaystyle\int_0^h x^2 \, dy$

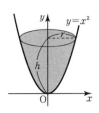

$\qquad = \pi \displaystyle\int_0^h y \, dy$

$\qquad = \pi \left[\dfrac{1}{2} y^2 \right]_0^h$

$\qquad = \dfrac{1}{2} \pi h^2$

(2) 毎秒 a の割合で水を入れるから

$\qquad V = at, \quad \dfrac{dV}{dt} = a \quad \cdots\cdots ①$

と表せる。

$V = \dfrac{1}{2} \pi h^2$ の両辺を t で微分すると

$\qquad \dfrac{dV}{dt} = \pi h \dfrac{dh}{dt}$

①を代入すると

$\qquad a = \pi h \dfrac{dh}{dt}$

よって，$\dfrac{dh}{dt} = \dfrac{a}{\pi h}$

(3) 高さが h のとき，半径が r だから

$h = r^2$ より $r = h^{\frac{1}{2}}$

両辺を t で微分すると

$\qquad \dfrac{dr}{dt} = \dfrac{1}{2} h^{-\frac{1}{2}} \cdot \dfrac{dh}{dt}$

(2)を代入すると

$\qquad \dfrac{dr}{dt} = \dfrac{1}{2h^{\frac{1}{2}}} \cdot \dfrac{a}{\pi h} = \dfrac{a}{2\pi h^{\frac{3}{2}}}$

$\qquad S = \pi r^2 = \pi h$

両辺を t で微分すると

$\qquad \dfrac{dS}{dt} = \pi \dfrac{dh}{dt}$

(2)を代入すると

$\qquad \dfrac{dS}{dt} = \dfrac{a}{h}$

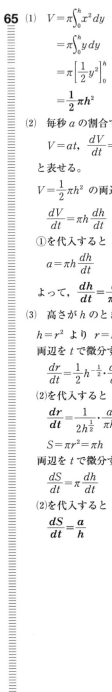